KB005445

과학하는 마음

과학하는 마음

매일의 실패를 넘어 경이와 호기심의 세계로

전주홍 지음

바다출판사

과학을 한다는 것

> "교육은 사실을 배우는 것이 아닙니다.
> 생각하는 훈련을 하는 것입니다."
>
> 알베르트 아인슈타인

아인슈타인은 무언가를 배우기 위해서라면 학교가 꼭 필요하지 않다고 말했다. 그에게 교육의 가치란 교과서에서 배울 수 없는 것을 스스로 발견하고 실제 상황에서 필요한 통합적 관점을 키우는 데 있었다. 이를 위한 생각하는 훈련이 곧 교육이다. 아인슈타인이 1921년, 보스턴에서 말했다는 이 경구는 오늘날의 교육의 근본정신으로도 손색이 없다. 과학자들이 있는 실험실도 마찬가지다. 실험실은 연구와 교육이 동시에 이루어지는 곳이기 때문이다.

　책 전체를 관통하는 주제는 '과학하는 마음'이다. 과학을 한다는 것은 무슨 의미일까? 그리고 과학을 '할 때' 왜 굳이 마음까지 고려

해야 할까? 과학은 자연 현상에 대한 경험적 지식 체계다. 그런데 이 지식을 얻기 위해서는 부단히 '움직여야' 한다. 생각을 움직이고 몸을 움직여야 한다. 기존의 지식을 검토하고, 뒤엎고 새로운 생각을 보태고 확장하는 '끊임없는 움직임' 속에서 이 과학 지식이 탄생한다. 그렇기 때문에 우리는 동사를 만드는 접미사 '하다'를 과학에 붙여 볼 수 있다. 과학은 정체되거나 멈춰 있지 않다. 이를테면 과학자는 저자로서 논문을 쓰고, 독자로서 논문을 리뷰하고, 연구자로서 장비를 다루고 가설을 세우며 열띤 토론을 벌인다. 그리고 지식 사회의 구성원으로서 동료 과학자들과 적극적으로 교류한다. 과학 지식이 탄생하는 과정에서는 직접 몸과 마음을 부딪히는 끊임없는 의사소통이 발생한다.

많은 학생들이 실험실 생활을 어려워하는 이유가 여기에 있다. '과학을 한다는 것'은 주어진 지식을 소극적으로 받아들이는 수용이 아니기 때문이다. 사실 실험을 하는 것 자체는 단순한 수작업의 반복이라 그다지 힘들지 않다. 정작 어려운 일은 다른 데 있다. 가설을 만들고 실험의 원리와 한계를 이해하고 데이터를 해석하는 역동적인 행위들이다. 만약 그동안 과학에 대한 허황된 이미지를 쫓고 있었다면 우리는 지금부터라도 과학의 민낯을 마주해야 한다. 사실 과학은 어수선하고 예측 불가능하다. 이처럼 과학에 대한 기존의 통념을 깨기 위해서는 프랑스의 화학자 마리 퀴리가 남긴 이 말을 곱씹어 볼 필요가 있다. "인생의 어떤 것도 두려움의 대상이 아닙니다. 이해해야 할 대상일 뿐입니다." 그렇다. 시험 문제처럼 딱 떨어지는 정답이 없는 과학이 막막하고 두렵다면 다시금 과학이 놓인 자리를 찬찬히 이해하면 된다.

성장하는 과학자를 위하여

책을 쓰게 된 몇 가지 계기가 있다. 먼저 과학자라고 선뜻 말하기 부끄러운 나 자신에 대한 반성이다. 과학자가 되기 전 인문학적 소양을 충분히 길렀다면 더 나은 과학자가 되지 않았을까 하는 아쉬움이 있는 데다가 서툴렀던 실험실 교육에 대한 성찰도 하고 싶었다. 또한 이제 갓 실험실을 꾸리고 책임지기 시작한 연구 책임자에게도 유용한 지침서를 남겨 주고 싶었다.

나아가 과학 연구의 현장, 실험실을 체계적으로 설명해 보고 싶다. 실험실 교육은 도제 학습에 가깝다. 이 말인즉슨 경험과 훈련을 하다 은연중에 무의식적으로 체화되고 내면화되는 암묵적인 공부가 많다는 의미다. 이 암묵적 요소 때문에 실험실 생활을 힘들어하는 이들이 적지 않다. 그렇기 때문에 실험실 교육과 생활에 관한 전반적인 모습들을 구체적이고 명료하게 가시화하는 노력은 상당히 중요하다.

나아가 과학 지식이 생산되는 맥락을 소개하고자 한다. 과학 연구가 이루어지는 현장은 화려하지도 우아하지도 않다. 역설적인 표현이지만 '고단하기에 아름다운' 곳이다. 언론이나 대중 서적을 통해 깔끔하게 정제되고 재구성된 과학의 이미지만을 접한다면 과학자의 호흡을 이해하기 어렵다. 실제 실험실에서 이루어지는 생생한 연구 활동을 알아야 비로소 과학을 이해할 수 있다.

또한 과학자 양성에 대한 담론에 힘을 보태고 싶다. 현재 한국의 과학 연구는 냉엄한 현실에 직면하고 있다. 양적 규모와 성과는 세계적 수준에 도달했지만 경쟁력은 정체되고 있는 것이다. 한 나라의 과학 수준은 그 나라 과학자의 수준을 뛰어넘을 수 없다. 이 점을 고려하면 과학자의 삶과 생활을 잘 이해하고 성원을 보내는 것이 역시 중요하다. 그렇기 때문에 과학 지식이 생산되는 최전방에서 과학자가 실제 어떤 고민을 하는지 알릴 필요가 있다.

마지막으로 과학의 현장인 실험실에서 벌어지는 현실적인 이야기를 전달하여 젊은 과학자들이 과학자로서의 삶을 설계하는 데 실질적인 보탬이 되고자 한다. 실험실 교육은 다른 교육과 구분되는 독특하고 고유한 특징이 있다. 하지만 대체로 이런 점을 잘 파악하지 못한 채 실험실에 들어오기에 여러 갈등을 겪는다. 사전에 실험실 고유의 특징을 숙지한다면 연구에 훨씬 더 잘 몰두할 수 있고 생산적인 실험실 생활을 할 수 있다.

과학의 민낯을 그대로 드러내는 것이 교육적으로 유용한 것인지 고민이 되는 것도 사실이다.[1] 하지만 과학자의 숨은 고민과 그동

안 크게 주목받지 못한 실험실 현장을 들추어내고 진정한 과학의
모습에 다가갈 필요가 있다. 그 과정을 거쳐야 우리는 과학이 생각
하는 훈련이자 성장의 이야기임을 이해할 수 있다.

실험실 고유의 특징

우리는 보통 초등학교 입학에서 대학교 졸업까지 적어도 15년 이
상 교실, 강의실에서 지식을 쌓는다. 단순 강의식 수업이든 토론식
수업이든 기존의 지식을 정리하고 구조화하는 데 몰두한다. 실습이
전혀 없는 것은 아니지만 주로 그동안 배운 이론 체계를 되짚으며
개념을 정리하는 수준 이상을 벗어나지 않는다. 우리는 대부분의
지식을 강의실에서 습득해 왔다.

　반면 과학자는 대개 강의실이 아니라 실험실에서 길러진다. 특
히 실험으로 증거를 확보하는 분야라면 실험실 생활은 더더욱 필
수적이다. 대학교를 졸업하고 대학원에 진학해서 적절한 실험실에
들어가게 되면 과학자로서의 삶이 시작된다. 일반적으로 박사 학위
는 해당 분야의 전문가로서 인정받을 수 있는 필요조건 중의 하나
이다. 박사 학위를 받으려면 실험실에서 진행된 연구 결과를 바탕
으로 학위 논문 심사를 받아야 하는데, 적어도 5년 이상의 시간이
걸린다. 미국의 사상가이자 시인, 랄프 왈도 에머스는 "모든 인생은

실험입니다. 더 많은 실험을 할수록 더 나아집니다"라고 말하기도 했는데 과학자의 삶을 이만큼 직접적으로 묘사하는 경구도 없을 것이다.

이쯤에서 질문 하나를 던져 볼 수 있다. 강의실과 실험실에서의 지적 활동은 어떤 차이가 있을까? 크게 세 가지가 있는데 우선 지식을 다루는 방식이 다르다. 강의실은 지식을 얻는 곳인 반면, 실험실은 지식을 생산하는 장소이다. 지식의 소비자와 생산자 입장은 지식을 다루는 방식에서 극명하게 다를 수밖에 없다. 이 차이를 하나하나 비교하여 충분히 이해하는 것이 과학자로서의 진로를 선택하는 데 매우 중요하다. 피상적인 수준이 아니라 구체적이고 실질적인 수준에서 두 장소의 차이를 파악해야 한다.

두 번째 차이는 내부 구조에서 기인한다. 외관만 보면 두 곳은 정확히 구분되지 않는다. 그러나 내부는 확연히 다르다. 강의실은 대개 많은 인원이 앉을 수 있는 책상과 의자로 가득 채워져 있다. 반면 실험실 공간은 소수만을 위한 책상과 의자가 있을 뿐이고 실험 테이블, 시약장, 싱크대, 실험 장비나 기자재 등이 채워져 있다. 이 구조적 차이는 각 공간의 고유 목적과 깊이 결부되어 있다. 또한 강의실과 달리 실험실의 분위기는 상당히 부산스러운데 그럴 수밖에 없는 이유는 연구자들이 장비나 기자재를 활용하기 위해 끊임없이 움직이기 때문이다. 이뿐만 아니라 실험 장비에서 들려오는 기본 소음에 여기저기서 알람 소리가 울려 대는 통에 매우 시끄럽다. 실험에서 가장 핵심적인 매개 변수 중 하나인 시간을 통제하기 위한 알람 소리들이다.

이러한 두 공간의 구조적 차이는 소통의 차이를 낳는다. 실험실은 연구원들의 움직임 속에서 활발한 쌍방 소통이 이루어진다. 늘 시끄러운 대화 소리가 넘쳐나며 아무도 별다른 거부감을 가지지 않는다. 만약 그렇지 않다면 오히려 그다지 생산적이지 못한 실험실일 가능성이 높다. 늘 실험 조건과 최적화에 대한 의견을 교환하고 실험 데이터의 신뢰성과 유효성에 대해 논쟁이 벌어지며 실험 결과의 해석을 두고 토의하기 때문이다.

두 공간의 세 번째 차이점은 교육 방식이다. 강의실 교육은 대부분 강의자가 학생 다수에게 일방적으로 지식을 전달하는 방식을 취하기 때문에 학생 개개인마다 서로 다른 지식을 전달할 수 없고 개인의 능력에 맞추어 수준을 조절하기도 어렵다. 즉 하나의 지식을 평균 수준에 맞추어 전달할 수밖에 없다. 이에 반해 실험실에서는 연구자 개개인이 서로 다른 지식을 다룬다. 생산된 지식에 '새로움'이 없다면 학위 논문이나 전문 학술지 논문으로 게재될 수 있는 최소한의 요건도 충족하지 못하기 때문에 필연적으로 각자 다른 지식을 다룰 수밖에 없다.

이렇듯 강의실과 실험실에서 이루어지는 지적 활동은 보편성과 개별성이라는 측면에서 큰 차이를 보인다. 이에 따라 지적 활동의 평가 역시 큰 차이를 보일 수밖에 없다. 강의실 교육의 성과는 대개 시험과 같은 학업 성취도 평가 방식을 통해 파악하지만, 실험실 교육의 성과는 전적으로 논문 실적에 의존한다. 동일한 시험 문항에 누가 답을 더 잘하느냐에 대한 평가와 달리 논문 실적을 평가하는 방식에는 큰 어려움이 있다. 왜냐하면 서로 다른 주제와 주장을 담은 논문을 비교해야 하기 때문이다. 그렇기 때문에 평가의 공정성과 정당성 논란이 끊이지 않는다.

이 외에도 실험실의 특징적인 활동으로 연구 결과를 공유하는 랩미팅과 다른 과학자의 논문을 비판적으로 검토하는 저널 클럽을 들 수 있다. 이 활동들은 실험실 활동 중에서도 상당히 공적이고 집단적 성격을 띤다. 이외에도 앞서 언급한 실험실에서의 사사롭고 개별적 성격의 상호 작용, 즉 실험실 고유의 공적이고 사적인 소통은 과학자로서 성장하는 데 중요한 명시적·암묵적 지식을 교류하고 쌓는 기회를 제공하고 있다.

질문을 발견하라

미국의 의학자, 조너스 소크는 "사람들이 발견의 순간이라고 생각하는 것은 사실 질문의 발견입니다"라고 말했다. 이는 그동안 보지 못했던 과학 현장의 민낯을 새로 발견하려는 우리에게도 필요한 태도이다. 그렇기 때문에 이러한 질문이 필요하다. '우리는 실제 과학이 무엇인지 정말로 알고 있는가?' 앞으로 의생명과학 연구의 현장을 중심으로 과학자의 고민을 담고 더 나은 과학을 위해 무엇이 필요한지 살펴보면서 과학자에게 필요한 거시적인 관점과 맥락을 드러내고자 한다. 연구 과정 이면의 구체적 쟁점을 하나하나 심도 있게 파고들기보다 과학자들이 직면한 문제가 무엇인지, 무엇을 놓치고 있거나 외면하고 있는지, 무엇을 고민해야 하는지 상기시키는 데 초점을 맞추었다. 과학 연구를 잘한다고 해서 과학의 철학에도 능숙한 것은 아니다. 우리에겐 과학 현장을 그린 조감도가 필요하다.

연구 현장인 실험실에서 과학자들이 아이디어를 떠올리고 가설을 만들고 실험을 통해 입증하고 논문을 쓰는 과정을 살피면서 '나는 왜 과학 연구를 하는가?'라는 질문에 다가섰다. 이 질문은 '나는 얼마나 과학자로서의 자질을 갖추고 있는가?'와 다름없다. 필자 자신에 대한 반성과 성찰 속에서 '과학은 생각하는 훈련'이며 또한 '과학은 성장의 이야기'라는 나름의 결론에 도달했는데 이러한 맥락에서 이 책은 필자가 그동안 밟아 왔던 고민의 궤적이라고도 할 수 있다.

책은 크게 다섯 부분으로 나누어져 있다. 1장 '새로운 생각을 찾아라' 2장 '그렇게 가설이 만들어진다' 3장 '우왕좌왕 실험실 안에서' 4장 '왜 지식을 공유하는가' 5장 '과학자는 어떤 글을 쓰는가'이다. 1장에서는 다양한 관점에서 실험실의 역할을 바라보았다. 또한 과학 지식을 생산하는 데 최적화된 장소 그 이상의 의미를 떠올려 봤다. 역사와 호흡하면서 지식의 최전선에서 과학 문화를 이끌고 있는 실험실에서 연구에 임한다는 것이 어떤 의미를 지니는지 이야기하고자 했다.

2장 '그렇게 가설이 만들어진다'에서는 단순히 지식의 구조화나 논리적·비판적 사고만으로는 뛰어난 과학적 발견이 보장되지 않는다는 점을 강조하고 싶었다. 객관성과 합리성으로 포장된 과학의 이미지는 다소 신화적이며 일종의 공유된 허구에 가깝다. 우리는 다양한 경험의 축적과 풍부한 인문학적 소양이 왜 과학자에게 요구되는지 가늠하게 될 것이다.

3장 '우왕좌왕 실험실 안에서'에서는 오늘날 실험실에서 이루어지는 연구 수행 과정을 생생하게 전달하고자 했다. 실험실에서 구축한 실험 모형의 경우 자연을 재구성하고 자연 현상을 인위적으로 유도하기 때문에 변수 통제가 용이하다는 장점이 있다. 하지만 실제 세계를 충실히 반영할 수 있느냐에 대한 문제가 끊임없이 제기되는 본질적 제약도 있다. 따라서 실험을 한다는 것은 단순히 몸을 쓰는 문제가 아니라 생각하는 훈련을 하는 문제임을 이해할 수 있도록 안내할 것이다.

4장 '왜 지식을 공유하는가'에서는 연구의 출발점이자 종착지인 논문에 대해 살펴보고 지식의 유통과 우선권 선점의 측면에서 논문 작성이 왜 중요한지 설명했다. 또한 과학 논문 속에 과학자들도 흔히 간과하고 있는 비과학적 요소를 드러냄으로써 객관성과 합리성으로 대변되는 과학의 이미지의 허점을 다시금 상기하며 공유와 소통의 도구로서 논문의 역할에 대해 주목했다.

마지막으로 5장 '과학자는 어떤 글을 쓰는가'에서는 논문의 저자가 되기 위해서는 어떤 요건을 갖추어야 하는지 살펴보고 책임 있는 연구 혹은 바람직한 연구란 무엇인지 고민을 나누고자 했다. 이를 통해 보다 더 나은 과학 연구 문화를 조성하기 위해 어떤 노력이 필요하고 어떤 생산적인 담론이 필요한지 나름의 생각을 정리했다.

스스로를 믿는 자부심

과학자는 자부심을 가져야 한다. 자부심이 없다면 좋은 과학 연구를 기대하기 어렵다. 한자 뜻풀이에 기대어 보면 자부심이란 결국 스스로 책임과 의무를 짊어지는 마음이다. 즉 자신의 가치를 믿고 당당히 여기는 마음이다. 과학이 성공이 아닌 성장의 이야기로 거듭날 때 스스로 짊어지는 마음이 갖추어질 것이다.

이 책은 한국판 〈스켑틱〉에 연재한 글에 서울대학교 의과대학 본과 1학년을 대상으로 진행한 '선택 교과(주제: 의사·과학자의 길)' 수업 내용을 더한 것이다. 연구 현장의 실제 모습과 현장에서 분투하는 과학자의 마음을 보다 더 생생하게 담고자 했다. 독자들이 이 책을 계기로 과학은 결국 '생각하는 훈련'이자 '성장의 이야기'라는 담론에 공감하기를 기대해 본다. 이 책은 과학 분야 중에서도 주로 의학의 문제를 생물학적으로 해결하려는 학문 분과인 의생명과학에 초점을 맞추고 있는데, 특별히 중요해서라기보다 과학 분야 전체를 아우르기에 필자의 역량이 부족하기 때문이다.

크게 세 부류의 독자층에게 도움을 줄 것 같다. 먼저 기초의학이나 생명과학 분야를 지망하는 고등학생이다. 과학과 인문학의 균형 잡힌 공부와 독서 활동이 왜 중요한지 알게 될 것이다. 다음으로 과학자가 되기 위해 대학원 진학을 염두에 둔 대학생이다. 막연한 추측과 기대가 아니라 현실을 보다 냉엄하게 바라볼 수 있게 될 것이다. 마지막으로 과학에 관심이 많은 일반 독자이다. 실제로 과학 연구가 이루어지는 맥락을 파악한다면 훨씬 더 깊이 있게 과학 지식을 이해할 수 있을 것이다.

부족한 글임에도 불구하고 바쁜 시간을 내어 날카로운 의견을 주신 조민수, 박준호, 이다영, 방지윤 선생께도 감사의 말씀을 드린다. 특히 필자의 은사이신 서울 대학교 의과대학 생화학교실 김인규 명예교수님과 생리학교실 서인석 교수님께 깊이 감사드린다. 참된 연구자의 길을 가셨던 두 교수님의 지도를 받고 같이 연구를 하는 행운을 누렸다는 점에서 필자는 이미 상당히 성공을 거둔 과학자라 할 수 있다.

마지막으로 그동안 아낌없이 도움을 베풀어 준 어머니, 장인, 장모, 동생들, 처형에게 두 손 모아 감사드린다. 돌아가신 아버지와 작은 고모의 은혜 역시 빼놓을 수 없다. 가족이라는 버팀목이 있었기에 이 책이 나올 수 있었다. 사랑하는 가족에게 이 책을 바친다.

차례

1장

새로운 생각을 찾아라

"현대 실험실은 크고 복잡한
사회적 유기체일 수 있습니다."

존 마이클 비숍

새로운 지식의 탄생

오늘날 전문적인 과학 실험은 대개 특별히 설계되어 실험 기구로 채워진 장소, 즉 실험실에서 이루어진다. 과학 지식이 생산되고 권위가 획득되는 데 있어 실험이 차지하는 중요성을 생각한다면 대부분의 과학 지식은 실험실에서 생산되고 있다고 해도 과언이 아니다. 무엇보다 실험이 근대 과학의 합리성과 객관성을 지지하는 역할을 했기에 실험실은 근대성을 상징하는 장소라고 볼 수 있다. 따라서 실험실이 확립되고 이를 제도적으로 뒷받침하면서 근대 과학의 발전이 가속화되었다는 인식적 틀에서 과학을 살펴봐야 한다.

하지만 과학의 발전에서 실험의 역할이 큰 주목을 받았던 것과 달리 실험이 이루어지는 장소에 대한 연구는 놀라울 정도로 관심을 받지 못했다. 대부분의 과학자도 실험이 이루어지는 장소인 실험실의 존재를 당연하게 여기고 있다. 과학자에게 실험실은 소금이나 공기와 같은 존재이다. 실험주의의 선구자인 프랜시스 베이컨은 책《새로운 아틀란티스》에서 '솔로몬의 집'이라는 관념적인 연구 기관을 언급했으나 과학 연구를 수행하는 전용 장소에 대해서는 거의 다루지 않았다.

실험실이라는 장소에 주목하는 일이 그다지 생산적인 일이 아니라는 시선도 있을 수 있지만 이곳을 올바로 이해하는 것은 중요하다. 이제 실험실은 과학 지식과 기술을 익히고 다루는 데 그치지 않고 과학자의 규범과 에토스를 길러 내는 장소가 되었다. 연구와 교육이 결합한 장소이자 윤리 의식과 책임감을 갖추고 열정과 노력을 바탕으로 경쟁력을 키우는 현장으로 확고히 자리매김한 것이다. 그렇기 때문에 과학이 무엇인지, 과학자는 어떤 사람인지, 과학 지식은 어떻게 생산되는지 더 생생하게 이해하려면 실험실이라는 장소에 관심을 기울일 필요가 있다.

이 장에서는 실험실이 처음 등장하고 발전하는 과정을 살펴보면서 실험실의 의미와 역할을 되짚어 보고자 한다. 또한 치열한 경쟁 속에서 흔히 잊게 되는 소중한 가치, 즉 실험실은 '생각의 장소'이자 '성장의 장소'임을 되새겨 보고자 한다. 이를 통해 과학 연구의 방식과 과학 지식의 본령에 대한 이해의 폭을 넓히는 데 기여할수 있기를 바란다.

무장소성의 장소

만약 찰스 다윈이 에든버러 대학교에서 하던 의학 공부를 그만두지 않았더라면 어떻게 되었을까? 그의 스승이었던 존 스티븐스 헨슬로 교수가 케임브리지 대학교에 없었더라면? 혹은 비글호에 승선하지 못했더라면? 그럼에도 다윈은 진화론의 기초를 세우고《종의 기원》을 발표할 수 있었을까? 역사에는 가정이 있을 수 없다지만 반사실적 가정에 기반한 상상을 하면 과학적 발견을 둘러싼 맥락이 드러남으로써 훨씬 더 다채로운 이해가 가능해진다. 이러한 역사적 상상력 또한 과학자의 소양을 기르고 새로운 발견을 이끄는 자양분이 되는 것이다.

그런데 다윈이 갈라파고스 제도를 탐험하지 않았더라면 어떻게 되었을까? 관심의 초점을 탐험의 장소에 맞춰 보자. 즉 과학적 발견에서 지리적 요소의 중요성을 생각해 보자. 과학 지식 속에 장소의 흔적이 있다면 지리적 맥락에 따라 서로 다른 지식이 만들어질 수 있다는 뜻인데, 그렇다면 과연 과학 지식이 반드시 보편적 속성을 지닌다고 말할 수 있을까?

달리 말해 갈라파고스가 아니었다면 핀치 새 부리 모양의 다양성에 대한 연구를 할 수 있었을까? 갈라파고스에서 얻은 핀치 새 부리 모양의 지식은 그곳에서만 유효할 뿐이지 않을까? 이렇게 보면 과학 연구의 주제나 내용은 지리적 특징에 의존적일 뿐만 아니라 지식을 일반화하기에는 어려워 보인다.

영국의 인문 지리학자, 데이비드 리빙스턴은 《장소가 만들어낸 과학》이라는 책에서 과학의 지리학적 특징을 살펴보기도 했다. 사실 우리는 야외에서 이루어지는 자연 현장 연구를 떠올려 보면 과학에 내포된 지리적 속성을 직관적으로 알 수 있다. 야외는 그 장소에 따라 기후의 패턴이나 동식물 분포의 차이가 확연하기 때문이다. 특히 유전적 변이와 자연 선택이라는 진화생물학의 기본 맥락에서 지리적 중요성은 더욱 뚜렷하게 드러난다. 같은 종의 개체라도 주어진 장소의 환경에 따라 식생활 습관이나 행동 양상이 크게 달라진다. 요약하자면 연구가 수행된 장소의 지리적 특징에 따라 생산될 수 있는 과학 지식의 범위와 종류가 제한을 받는다.

하지만 과학의 지리적 속성을 강조하다 보면 '어떻게 과학 지식을 생산하고 검증해야 하는가'라는 문제 제기에 직면하게 된다. 반면 실험실이라는 과학 연구 현장은 본질적으로 탈맥락화된 장소로서 지리적 속성이 제거되어 있다. 그뿐만 아니라 실험을 수행하는 데 영향을 줄 수 있는 교란 요인을 철저하게 통제할 수 있어 과학 지식 생산과 검증의 신뢰성과 타당성을 담보한다.

따라서 장소적 특징을 지니지 않는 보편적 장소, 즉 무장소성의 장소placeless place로서 실험실의 출현은 과학 지식의 보편성 획득이라는 측면에서 매우 중요하다.[1] 실험실에서 연구가 수행된다는 말은 선택된 자연이 통제된 공간 내에 있다는 것으로 과학 지식이 생산되는 맥락이 더 이상 지리적 특성에 의존하지 않음을 가리키기 때문이다. 그렇기 때문에 실험실에서 생산된 연구 결과는 나라나 지역에 구애받지 않고 서로 쉽게 비교하고 대조할 수 있고 나아가 과학 이론을 효과적으로 다듬어 갈 수 있게 된다.

그뿐만 아니라 과학 연구를 위해 특별히 구별되는 장소가 출현하고 그 특화된 장소에 '실험실'이라는 이름이 붙여졌다는 말은 그만큼 큰 변화가 일어났음을 의미하는 것이기도 했다. 데이비드 우튼이 《과학이라는 발명》에서 지적했듯 새로운 단어가 도입되거나 원 단어에 새로운 의미가 추가되는 것 같은 언어적 변화는 당대 사람들의 사고방식이 수정되었다는 중요한 표지가 된다.

그렇다면 실험실이라는 용어는 언제 처음 등장했을까? 그리고 언제부터 지금과 같은 의미로 사용되기 시작했을까? 플라톤의 《크라틸로스》에 나오는 "이름의 지식은 지식의 큰 부분이다"라는 구절을 떠올릴 때 이러한 질문은 상당히 중요한 의미를 가진다.

실험실이라는 말

실험실을 뜻하는 영어 단어는 'laboratory'이다.[2] 날마다 실험실에서 연구에 몰두하더라도 이 단어의 어원을 제대로 파악하고 있는 과학자는 별로 없을 것이다. 노동을 뜻하는 영어 단어인 'labor'와 비슷하다는 점에서 그리고 실제 실험을 잘 하려면 상당한 체력이 요구된다는 점에서 노동과 관련된 단어에서 유래되었을 것으로 짐작할 수 있다. 16~18세기 동안에는 정성을 들인다는 뜻이 포함된 'elaboratory'라는 단어 역시 실험실을 의미했는데, 분명 실험은 상당한 공을 들이는 정교함을 요구하는 작업이다.

이 laboratory라는 단어 자체는 영국 엘리자베스 왕조 시대의 의사이자 점성술가, 수학자였던 존 디가 1592년에 발표한《충실한 예행연습》에서 처음 사용한 것으로 보인다.[3] 하지만 언제, 어디서, 어떻게 이 단어가 유래하게 되었는지 명확하지 않다. 짐작건대 '일하다'라는 뜻의 라틴어 laborare에서 파생된 명사형 단어 '라보라토리움laboratorium'에서 유래했을 거라고 추측된다. 다만 고전 라틴어의 표준 사전에서 이 단어를 찾을 수 없다는 점에서 미루어 봤을 때 로마어가 아니라 토착어 혹은 지역어 어원을 가진 것으로 추정할 수 있다.

중세 말 라보라토리움은 노동, 업무, 수도원의 작업장이라는 뜻으로 사용되었다.[4] 중세 수도원은 자급자족의 체제였기 때문에 수도원의 공간은 기도실, 필사실, 기숙사 등에 더해 다양한 종류의 라보라토리움으로 구성되었다. 이런 작업장의 모습은 장크트갈렌 수도원의 도면에서도 잘 드러난다(그림1). 이 도면에서 볼 수 있듯 수도원에는 가축을 기르는 공간 이외에도 빵집, 양조장, 금세공점, 대장간 등 다양한 종류의 작업장이 갖추어져 있었다.

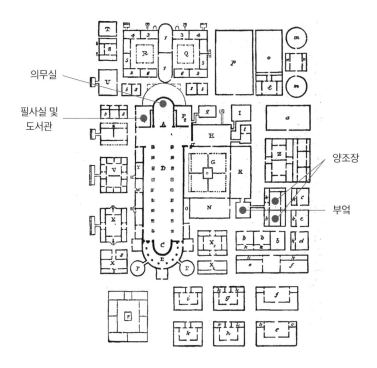

의무실

필사실 및 도서관

양조장

부엌

그림 1 장크트갈렌 수도원의 도면. (820년경) 교회, 마구간, 부엌, 작업장, 양조장, 의무실 및 사혈 공간을 포함하여 베네딕토회 수도원 전체의 구조를 묘사하고 있다.

그림1에서 필사실과 도서관 공간도 찾을 수 있다. 중세 수도원의 필사실은 고대 학문을 보존하는 역할을 통해 르네상스와의 연결 고리가 되었다.[5] 베네딕트회 수도원의 경우 수도원에 도서관을 설치하라는 규율 조항이 있었고 그에 따라 고전 문헌을 체계적으로 정리·분류하고 이를 필사하도록 했다. 클뤼니 수도원의 원장 페

트루스 베네라빌리스는 '필사는 입이 아니라 손으로 드리는 기도'라고 말하기도 했다.

오늘날 실험실 또한 필사의 공간이라는 점은 흥미롭다. 왜냐하면 실험 데이터와 참고문헌을 늘 체계적으로 정리하고 연구 노트에 실험 기록을 남겨 두어야 하기 때문이다. 이러한 노력은 연구의 정당성을 증명하고 진실성을 확보한다는 측면에서도 매우 중요하다. 우리나라의 경우 2007년 〈국가연구개발사업 연구노트 관리지침〉이 행정 규칙으로 제정되면서 국가 연구 개발 사업에 참여하는 이들은 모두 의무적으로 연구 노트를 작성해야 한다.[6] 수도원의 규율에 담긴 정신이 지금도 여전히 전승되고 있는 것이다.

한편 라보라토리움이 수도원의 작업장이라는 뜻으로 사용되었다는 점은 베네딕트 수도회의 규율을 잘 반영한 "기도하고 일하라"라는 문구와도 잘 부합된다.[7] 베네딕트는 "게으름은 영혼의 적이다"라고 하면서 성경을 읽지 않을 때에는 힘든 노동에 전념해야 함을 강조했다. 이러한 마음가짐은 훗날 연금술사의 작업에도 고스란히 반영되었고, "기도하고 일하라"라는 문구는 연금술사의 모토로 사용되었다.[8]

라보라토리움이 단순한 작업장이 아니라 실험을 위한 특별한 장소라는 근대적 의미로 사용된 시점은 16세기 말 이후였다. 실험실은 연금술이나 약제학 또는 의화학이나 야금학과 관련된 공간이라는 의미로 사용되다가 점차 자연 현상을 조사하고 조작하는 특별한 장소라는 인식으로 확장되었다. 이에 따라 실험실은 자연에 관한 보편적 지식 또는 현상 이면의 질서, 즉 스키엔티아scientia를 획득하는 공간이라는 의미가 되었다.[9]

라보라토리움이라는 단어의 의미가 어떤 계기로 근대적으로 변화했는지를 정확하게 설명하는 것은 쉽지 않다. 더군다나 나라별·지역별로 학문과 실험실의 발전 양상은 획일적이지도 않았다. 하지만 적어도 과학 연구의 방식이 새롭게 등장했다는 것을 분명히 알 수 있다. 실험실의 탄생은 단 하나의 장소적 기원에서 유래되었다기보다 연금술, 의화학, 약제학, 야금학 등 여러 영역의 작업장이라는 다양성을 바탕에 두고 있다. 물론 물질을 다루고 자연을 인위적으로 변형시키고자 했다는 공통분모는 있다.

한 가지 짚고 넘어가야 할 문제는 근대적 실험실의 등장을 종교와의 즉각적이고 완전한 결별로 오해해서는 안 된다는 점이다. 중세 말기의 독일 의사 하인리히 쿤라트의《영원한 지혜의 원형극장》에서 연금술사가 기도를 올리는 모습을 볼 수 있듯 실험실은 과학과 종교가 공존하는 장소였다(그림2).[10] 로버트 보일을 포함하여 당시 과학자들은 예배를 올리는 것처럼 일요일에 실험을 수행하는 것이 가장 적합하다고 여기기도 했다.[11]

연금술사의 작업장

르네상스 이후 연금술사의 작업장은 가장 대표적인 라보라토리움 이었다. 그들은 물질세계에 대한 인식을 토대로 자연의 변성 과정 을 통제하려 했는데 그 전통은 고대 이집트, 그리스, 로마에서 찾을 수 있다.[12] 연금술사의 실험실 모습은 앞서 언급한《영원한 지혜의 원형극장》에서 잘 드러난다(그림2). 이 저서는 1595년 처음 출판되 었고 저자의 사후 4년이 되던 해, 1609년에 증보판이 나왔다.[13]

독일의 의사였던 쿤라트는 16세기 후반의 가장 주목할 만한 신 지학자神智學者이자 연금술사 중 한 사람이다. 쿤라트의 전기 작가인 제임스 크라벤에 따르면 그는 바젤에서 의학을 공부했고 함부르크 로 옮겨 온 후 자신의 실험실에서 연금술 실험을 했다.[14] 쿤라트는 유명한 영국의 의사이자 점성술사였던 존 디나 평소 연금술에 관 심이 많았던 신성로마제국의 황제 루돌프 2세와도 인연을 맺었던 것으로 보인다.

그림2를 보면 쿤라트의 실험실 공간은 크게 기도실과 작업장 그리고 침실로 구성되었던 것으로 보인다. 왼쪽 천막 상단에 적힌 '기도실ORATORIUM'이라는 문구와 오른쪽 실험 선반 위 벽면에 적힌 '작업장LABORATORIUM'이라는 문구가 눈에 들어온다. 참고로 왼쪽의 천막은 녹색인데 전설 속의 연금술의 창시자 헤르메스 트리스메기 스투스가 남긴 에메랄드 타블렛이라는 비석을 상징한다.

기도실   작업장

그림 2 《영원한 지혜의 원형극장》 속 도판. (1595년) 네덜란드의 예술가인 한스 프레데만 드 프리스가 그린 연금술사의 실험실이다.

저 멀리 안쪽(그림의 거의 정중앙 부분)에는 침대의 일부가 보이는데 아마도 사적 공간인 침실로 사용된 것 같다. 실험에 몰두하느라 밤을 새는 과학자의 모습이 연상된다. 침실로 들어가는 아치형 입구 바로 위에는 '자는 동안에도 주시해라DORMIENS VIGILA'라고 적혀 있다.

이외에도 그림 곳곳에서 지금도 여전히 교훈으로 새길 수 있는 메시지가 발견된다. 먼저 기도실 천막의 왼쪽 부분을 보면 다음과 같은 문장들이 적혀 있다.

- 우리가 작업에 몰두할 때 신은 우리를 도울 것이다.
- 신의 조언을 따르는 자는 행복하다.
- 잘 죽는 법을 배워라.
- 빛이 없을 때 신에 대해 말하지 말라.

오른쪽 작업장으로 시선을 옮기면 선반 위의 많은 실험 용기들이 눈에 들어온다. 실험 용기 역시 역사적 산물 중의 하나이다.[15] 실험 선반을 받치고 있는 기둥 아래 받침에는 이성RATIO와 실험EXPERIMENTIA이라고 적혀 있다. 이는 연금술이 단순히 금을 만들고자 하는 원초적 욕망에만 기댄 것이 아니라 이성과 실험을 바탕에 두고 있는 지적 기획임을 보여 준다. 그 외에도 선반이나 인접한 벽면이나 난로에서 다음과 같은 많은 문구들을 읽을 수 있다.

- 무모하지도 겁내지도 마라.
- 현명하게 다시 시도한다면 언젠가는 성공할 것이다.
- 천천히 서둘러라.

기도실과 작업장 사이에 조화나 변환을 상징하는 악기들이 탁자 위에 놓여 있는 모습에서 기도와 노동이 서로 분리된 독립적인 작업이 아니라는 점이 잘 드러난다. '기도하고 일하라'라는 모토의 실천적 의지가 충분히 읽힌다. 이 테이블에 적힌 문구와 시선을 돌려 천장에 적힌 문구를 읽어 보면 의미심장하다.

- 성령은 경건한 기쁨으로 가득 찬 마음으로 기꺼이 노래하기 때문에 신성한 음악은 슬픔과 나쁜 생각을 몰아낸다.
- 신의 영감 없이는 아무도 위대한 사람이 될 수 없다.

천장에 걸린 칠각별은 당시 알려진 일곱 개의 행성과 연금술의 주요 일곱 절차를 상징하는데, 이는 곧 연금술이 세계의 질서를 재구성하고 대우주와 소우주를 잇는 중요한 수단임을 말해 준다.

그렇다면 오늘날의 실험실은 어떠한가? 이제는 물리적 공간으로서의 기도실은 실험실 내에 더 이상 존재하지 않는다. 하지만 과학자의 가슴속을 채우고 있는, 실험의 성공을 기도하는 마음은 완전히 사라지지 않았다. 실험실이 완전히 이성으로 무장된 공간으로 보이지만 실험도 사람이 하는 일이다. 다만 어떤 의미와 가치를 바탕으로 실험에 임할 것인지 분명하게 고민할 필요가 있다. '기도하고 일하라'라는 모토처럼 경건한 마음과 최선을 다하는 자세는 여전히 중요하다.

근대 생리학의 출발

17세기에 접어들어 근대 실험의학도 본격적으로 기지개를 켜기 시작했다. 갈릴레오 갈릴레이의 친구였던 의사 산토리오 산토리오는 생명 현상과 인체의 속성에 적극적으로 수치를 부여하기 시작했다.[16] 1614년 발표한 《의학의 척도》에서 그는 신체 기능의 변화를 이해하기 위해 대사 저울 의자를 제작하여 음식물과 수분을 섭취하고 배설한 후 시간에 따른 몸무게의 변화를 측정했다(그림3). 신체 기능에 수치를 부여하기 시작한 것이다. 이는 의학 분야에서 정량 측정의 중요성이 인식되기 시작했음을 의미한다.

이어 윌리엄 하비는 1628년에 출판한 《동물의 심장과 혈액의 운동에 관하여》를 통해 해부학적 지식과 실험적 방법이 인체의 기능을 추론하고 이해하는 데 얼마나 큰 도움을 줄 수 있는지를 여실히 보여 주었다. 그가 아리스토텔레스 사상을 추종하여 마음의 장소가 뇌가 아니라 심장이라는 심주설을 신봉한 아이러니가 있긴

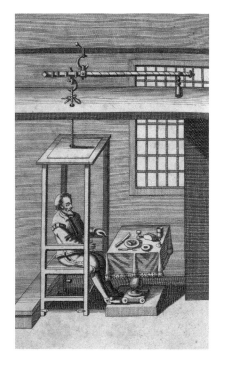

그림 3 《의학의 척도》 속 도판. (1614
년) 산토리오가 대사 저울 의자에 앉
아 있다. 그는 온도계를 발명했으며
의학 연구에 실험적 측정 절차를 적
극적으로 도입했다.

하지만 말이다.[17]

그는 심장을 해부생리학적으로 연구하여 정맥 판막의 구조로
부터 혈액의 역류를 막는 기능을 추정했고, 끈으로 팔뚝을 묶는 간
단한 실험을 통해 심장 쪽이 아니라 말초 부위의 혈관이 부풀어 오
르는 것을 관찰했다. 혈액이 말초에서 심장 쪽으로 돌아올 수 있음
을 알아낸 것이다. 또한 혈액의 양을 추산하여 기존 이론처럼 혈액
이 계속해서 소모되고 새롭게 만들어지는 것이 단순한 계산만으로

도 불가능함을 설파했다. 이에 더해 지금의 기준에서 보면 잔인한 실험이지만 동물 생체 해부를 통해서도 혈액의 순환을 확인했다.[18]

이러한 그의 혈액 순환 이론이 즉각적으로 수용된 것은 아니지만, 1500여 년의 긴 세월 동안 의심의 여지없이 받아들여졌던 클라우디오스 갈레노스의 의학 이론 체계를 무너뜨리면서 근대 생리학의 출발을 알리기에 충분했다.[19] 근대적 임상 교육의 선구자인 헤르만 부르하버가 "하비 이전의 서적 중에서는 더 이상 고려할 만한 것이 없습니다"라는 말을 남길 정도로, 또한 새뮤얼 우드가 "하비가 혈액 순환을 발견하기 이전에는 생리학이란 존재할 수 없습니다"라고 주장할 정도로, 하비의 발견은 위대한 것이었다.[20]

하비는《동물의 심장과 혈액의 운동에 관하여》의 권두화에서 시각적 은유를 통해 자신의 발견이 얼마나 중요한지 드러냈다(그림 4). 날개 달린 천사의 오른손은 잘려진 도리아 양식의 기둥을 짚고 있다. 고대 그리스의 건축 양식 중 가장 오래된 도리아 양식의 기둥이 잘려져 있다는 점은 구세계의 질서가 무너졌음을 시사한다. 이에 반해 역동적인 천사의 자세는 새로운 세계가 도래했다는 신의 말씀을 전달하고 있음을 보여 준다. 특히 소매를 걷어 올린 천사의 모습에서 손을 이용한 해부학 연구와 실험의 중요성을 엿볼 수 있다.

잘려진 도리아 양식의 기둥에 묶인 띠 장식에는 흥미로운 문구가 적혀 있다. 먼저 기둥의 위쪽 띠 장식에는 '영원한 신에 대한 헌

EXERCITATIO
ANATOMICA DE
MOTV CORDIS ET SAN-
GVINIS IN ANIMALI-
BVS,
GVILIELMI HARVEI ANGLI,
Medici Regii, & Professoris Anatomiæ in Col-
legio Medicorum Londinensi.

FRANCOFVRTI,
Sumptibus GVILIELMI FITZERI.
ANNO M. DC. XXVIII.

그림 4 《동물의 심장과 혈액의 운동에 관하여》의 권두화. (1628년)

신'이라는 문구가 적혀 있다. 하비는 자신의 발견이 얼마나 혁명적
인 것인지 잘 알고 있기에 신의 질서를 거역하는 일이 아님을 강조
하는 듯 보인다. 실제로 현미 해부학의 아버지, 마르첼로 말피기가
모세 혈관을 발견하여《폐의 해부학적 관찰에 관하여》을 발표하기
전까지 상당수의 학자들은 하비의 이론을 받아들이지 않았다.[21]

특히 아래쪽 띠 장식에는 연금술사의 모토이기도 한 '기도하고

일하라ORA ET LABORA'라는 문구가 적혀 있다. 하비는 이탈리아의 파도바 대학에서 의학 공부를 했는데, 당시 해부학 수업을 진행했던 건물인 팔라조 델 보에 아직까지 남아 있는 하비의 문장에서 공교롭게도 연금술의 신인 헤르메스의 지팡이를 발견할 수 있다.[22] 하지만 하비가 연금술에 얼마나 큰 관심을 가졌는지는 확실하지 않다.

'기도하고 일하라'라는 모토는 하비의 위대한 발견에 대해 여러 가지 흥미로운 시사점을 던져 준다. 위대한 발견은 간절한 마음과 쉼 없는 노력에서 비롯된다는 점과도 무척이나 잘 맞아떨어진다. 근대 생리학의 출발을 알리는 길목에 '기도하고 일하라'라는 모토가 있었다.

특별한 장소의 필요성

실험실에 관한 다양한 질문이 제기될 수 있지만 특히 주목을 끄는 지점이 있다. 왜 새로운 과학 연구 방식에 특별히 고안된 공간이 필요했을까? 인체 해부학에 관한 지식을 생산하고 해부 과정을 시연할 수 있는 전용 공간인 해부학 극장이 1594년 파도바 대학의 히에로니무스 파브리시우스에 의해 처음 세워졌다는 점을 고려할 때 이보다 더 이른 시기에 실험 전용 공간이 출현했다는 점은 상당히 흥미롭다. 물론 실험을 공개적 시연하게 된 것은 훨씬 나중인 실험

철학experimental philosophy이 본격적으로 등장하고 난 뒤의 일이다.

근대 과학의 출발을 알린 갈릴레이의 실험은 그다지 장소에 구애받지 않고도 충분히 할 수 있는 것이었다. 19세기 전까지만 해도 자연 철학natural philosophy이나 물리학의 전통에서는 이러한 상황이 크게 바뀌지 않았다. 박물학자의 실험 시연 역시 특별히 설계된 장소를 필요로 하지 않았다. 이와 달리 연금술·야금술·약제학과 같은 경우 불을 다루는 가열 실험뿐만 아니라 용해·분해·증류·승화·침전·혼합 등의 실험이 주를 이루었다. 따라서 실험을 수행하기 위해서는 특별히 고안된 장소와 이곳을 채우는 특수한 실험 장비·기구·탁자·선반 등이 필요했다. 이와 비슷한 맥락으로 프랑스의 계몽주의 철학자 드니 디드로와 수학자 장 르 롱 달랑베르가 편찬한《백과전서》에서는 실험실을 가리켜 용광로나 용기 등의 화학 장비가 구축된 밀폐 작업장이라고 설명했다.[23]

당시 실험실의 모습은 여러 미술 작품 속에서 살펴볼 수 있다. 물론 이런 그림을 잘 이해하기 위해서는 재구성된 이미지라는 점을 염두에 두어야 함과 동시에 그림을 그리게 된 맥락도 살펴봐야 한다.[24] 즉 예술가의 삶이나 그림을 그리게 된 배경이나 그림의 용도가 어떤 것인지 잘 파악해야 그림이 전달하는 내용을 정확하게 포착할 수 있다.

먼저 라자루스 에르커가 1574년 발표한 〈가장 중요한 광물과 채굴 방법에 대한 설명〉이라는 논문의 권두화에서 당시 존재했던

그림 5 〈가장 중요한 광물과 채굴 방법에 대한 설명〉의 권두화. (1574년) 시금 실험실을 묘사했다.

시금 실험실의 모습을 엿볼 수 있다(그림 5).[25] 물론 실제 실험실의 모습이라기보다 논문에 묘사된 모든 분석 장비를 한 공간에 가상으로 배치시켜 놓았을 가능성이 크다. 그렇지만 상당히 정돈되어 있고 질서가 잡혀 있는 것으로 보아 실험실 관리와 실험 장치들의 공간적 배치가 중요한 문제였을 것으로 추정된다.

에르커의 권두화 속 실험실 모습은 16세기 독일의 화가, 한스 바이디츠에 의해 묘사된 실험실 모습과 다소 큰 차이를 보인다(그림6). 바이디츠가 표현한 실험실은 온갖 장비로 가득 채워져 있고

그림 6 〈연금술 실험실〉 한스 바이디츠. (1520년경)

한눈에 봐도 상당히 무질서하다. 하지만 이 판화 이미지는 연금술 등과 관련된 논문이나 서적에 실린 것이 아니라 도덕철학 저서에 나오는 것이다. 16~17세기 동안 연금술사가 도덕적 비난을 많이 받았다는 점을 고려할 때 바이디츠는 풍자적 측면에서 실험실의 모습을 난잡하고 무질서하게 표현했을 것으로 보인다.

그림을 그린 맥락을 떠나 에르커와 바이디츠의 그림에서 불을 다루는 모습이 공통적으로 잘 드러난다. 하지만 불을 다루는 실험은 자연히 화재나 폭발의 위험성이 높을 수밖에 없었다. 그렇기 때

그림 7 〈화재를 낸 연금술사의 실험〉 헨드리크 헤이스홉. (1687)

문에 당시 실험실 바닥은 나무보다는 석재가 선호되었다. 이런 위험성은 실제 헨드리크 헤이스홉의 〈화재를 낸 연금술사의 실험〉이라는 작품에서도 잘 드러난다(그림7). 헤이스홉은 불이 난 것을 알아차린 연금술사의 깜짝 놀란 모습을 인상적으로 포착했다.

화로와 난로를 사용하여 증류 등의 실험을 진행하려면 물이나 연료를 운반하기 편한 건물의 1층에 들어서는 것이 유리했다. 습도를 유지해야 하는 문제 때문에도 지하실 공간에 실험실을 차리는 것은 점차 꺼려졌다. 한편 실험 중에 부식성이 강하거나 독성이 높은 물질이 생성되는 경우도 흔했기 때문에 이를 잘 제거하기 위해서라도 환기 시설을 갖추는 것이 매우 중요한 고려 사항이었다.

하지만 17세기 초까지만 해도 환기에 대한 개념이 확고히 잡힌 것 같지는 않다. 이런 점은 당시 연금술과 화학을 자세히 기록했던 독일의 화학자, 안드레아스 리바비우스가 쓴 화학 교과서《알키미아》에서도 드러난다. 그는 1606년에 출간한《알키미아》2판에서 '화학의 집'에 대한 구상을 보충했다.

리바비우스는 비밀스럽고 사변적인 튀코 브라헤를 비판하고 신비주의적인 파라셀수스의 학문 전통을 배척하는 등 상당히 근대적 모습을 지닌 학자였다. 그는 아주 면밀히 실험실을 설계했고 주 실험실 외에도 특별한 실험 공간들을 구상하기도 했다. 하지만 그의 설계에서 실험실이 다른 방들에 둘러싸여 있다는 점과 창문이 별로 없다는 점을 볼 때 환기를 제대로 고려했다고 보기는 어렵

다.[26]

흥미롭게도 리바비우스는 건물 1층 내부에 실험실을 두는 것을 구상하면서 2층과 3층은 화학자와 그 가족을 위한 사적 공간으로 구성했다. 어떤 의도인지는 명확하지 않지만, 연구와 삶이 분리되지 않은 채 연구에 몰두하는 과학자의 모습이 떠오른다.[27] 늘 고단한 실험실 생활과 불안한 미래의 틈바구니 속에서 고민하는 과학자의 모습과도 중첩된다.

한편 실험 장비를 확보하거나 환기 시설을 확충하는 등의 측면에서 실험실을 마련한다는 것은 여간 힘든 일이 아니었다. 실제로 1731년 영국의 의사, 피터 쇼는《인공 철학 혹은 보편적 화학에 관한 세 가지 에세이》에서 "용광로와 용기를 제작·조달·사용하는 데드는 어려움, 불편함, 부담감은 화학 실험을 수행하려는 의욕을 상당히 꺾어 놓는 것으로 밝혀졌습니다"라고 썼다.[28] 런던 왕립 학회의 총무를 맡아 최초의 과학 학술지 〈철학회보〉의 출간을 주도한 헨리 올덴부르크 역시 실험실 마련의 재정적 어려움을 인정했다.

네덜란드의 화가 대★ 피터르 브뤼헐이 남긴 작품에서도 실험실을 꾸리고 운영한다는 것이 얼마나 고단하고 괴로운 일인지 엿볼수 있다(그림8). 물론 브뤼헐의 그림은 상당히 풍자적이고, 연금술에 대한 조롱과 도덕적 비판 의식이 투영된 것을 염두에 두어야 한다. 실제 연금술은 상당히 비밀스러운 면이 컸고 요즘으로 치면 사이비 과학적 면모가 강했다. 프랜시스 베이컨 역시 자신들의 연구

그림 8 〈연금술사〉 대(大) 피터르 브뤼헐. (1558)

결과를 비밀에 부치고 발표하지 않는 연금술사의 태도를 맹렬히 비판했다.

그림8의 가장 오른쪽에 지시를 내리는 연금술사의 모습과 왼쪽에 뒤돌아 앉아서 외면한 채 작업을 하고 있는 조수의 모습이 인상적인 대조를 이룬다. 연금술사 바로 아래 당나귀 귀를 가진 광인이 실험을 하는 모습도 흥미롭다. 가운데 상단에 음식을 찾아 헤매는 아이들을 통해 연금술사의 현 재정 상태를 짐작해 볼 수 있다. 창밖에 보이는 극빈자 수용소로 가고 있는 연금술사 가족의 모습이 애처로움을 더한다.

이 브뤼헐의 그림에서 한 가지 더 흥미로운 점은 심상치 않은 등장인물의 표정이다. 다소 정신이 나간 듯한 표정인데, 이는 풍자적 표현으로 볼 수도 있지만 허구가 아닐 가능성도 크다. 중금속 중독으로 인한 얼굴빛의 변화와 정신 착란 등의 증상일 수도 있기 때문이다. 독성을 제대로 이해하고 안전성을 바탕으로 화학 물질을 다루게 된 것은 20세기 중반 이후의 일이다.

화학 실험의 독특한 특징 외에도 독립된 장소가 필요한 또 다른 이유가 있었다. 바로 일상생활이나 실제 세계로부터의 고립이다. 이는 오늘날에도 여전히 중요한 문제인데, 실험 대상과 절차를 인위적으로 고립시켜야 실험에 영향을 주는 요소를 효과적으로 제거하거나 통제할 수 있다. 또한 성인이나 수도사의 고독한 수련처럼 사회로부터 격리는 보편적 지식 획득의 전제 조건으로 여기는 전통적 관념도 컸다. 그뿐만 아니라 고립은 출입자의 자격을 제한하는 효과도 있었는데, 이는 장소의 권위에 관한 문제이기도 했다.

하지만 실험실에서 확립한 이상적인 조건에서 수행되는 실험과 실제 세계에서 벌어지는 사건과는 상당한 차이가 있을 수밖에 없다. 실험 모형을 쉽게 다루기 위해 마련한 이상화된 조건은 인과관계를 명확하게 규명할 수 있는 데는 큰 힘을 발휘했으나, 과학 지식이 실제 세계를 반영하기 힘들어지면서 지식의 유용성과 응용이라는 측면에서 제약이 생길 수밖에 없었다.

그뿐만 아니라 인위적 수단으로 자연 현상을 재현할 수 있다는 생각은 한동안 쉽게 도달하기 어려운 거대한 개념적 도약이었다. 자연을 모방한다고 하더라도, 실험실 연구는 적어도 규모와 시간이라는 두 가지 큰 제약이 있었다. 그렇기 때문에 실험실에서 자연을 모방하기 위해서는 대략적인 추정과 가정에 의존하여 규모와 시간을 통제할 수밖에 없는 내재적 한계를 받아들여야만 했다. 지금도 이 상황은 크게 달라지지 않았다.

또 다른 문제점으로는 고립된 장소가 과학 지식을 생산하는 데는 뚜렷한 장점이 있었으나 이를 검증하기에는 그다지 유리하지 않다는 것이다. 그러다 보니 모순적이게도 실험실은 고립된 장소이면서 시연의 장소 역할을 했다.

규율과 시연의 장소

장 자크 루소는 "학교는 현실성이나 실용성이 없는 상상을 마음껏 할 수 있는 자유를 보장받아야 한다"고 말했다. 하지만 예상과 달리 실험실은 규율과 속박 속에서 작동될 수밖에 없다. 왜냐하면 실험실에 실험 장비가 배치되면 설비 운용과 실험 행위에 관한 규율이 결정되기 때문이다. 또한 장소 및 장비에 대한 접근 자격과 효율적인 지식 생산에 관한 문제도 불거질 수밖에 없다.

15세기 후반에 출간된 토머스 노턴의 《연금술의 서수》에 나오는 그림의 가운데 부분을 보면 흥미로운 모습이 눈에 띈다. 테이블 위에 놓인 밀폐된 상자 속에 저울이 위치하고 있는 점인데, 이는 그 당시에도 이미 특별한 작업 원칙이 있었음을 보여 준다(그림9). 사실 이 모습은 오늘날 실험실에서도 여전히 유효하다. 미세 저울의 경우 무게 측정을 교란시키는 공기의 흐름을 차단하기 위해 상자 속에 위치시키기 때문이다.

실험실의 작업 원칙은 오늘날에도 매우 중요한 이슈이다. 구성원 사이의 갈등 또한 작업 원칙을 제대로 지키지 않은 데서 기인할 수 있다. 이를테면 사전 준비나 뒷정리 소홀 같은 것이다. 공용 실험실의 경우 공용 장비를 사용할 때 흔히 갈등이 일어난다. 따라서 작업 원칙을 세우고 따르는 일과 실험실 내에서 원만한 인간관계를 유지하는 일은 성공적인 연구 활동을 위한 중요 조건이 된다.

한편 실험실 운영과 실험을 수행할 수 있는 주체의 자격에 대한 제도적 고민도 살펴볼 수 있다. 1682년 루이 14세는 칙령을 내려 화학 교수, 의사, 약제상이 아닌 사람이 실험실을 보유하는 것을 법으로 금지하기도 했다.[29] 이 칙령의 목적은 사기꾼이나 돌팔이가 임의로 치료제를 제조하는 것을 막는 것이었다. 이는 당시에도 직업 윤리나 연구 윤리에 대해 여러 형태의 고민이 있었음을 보여 준다.

논문 발표와 인용을 통해서 과학 지식에 권위가 부여되는 오늘날의 방식과는 달리 예전에는 과학 지식이 권위를 얻으려면 올바른 장소에서 생산되어 학식이 충분한 계층의 인사들에게 평가를

그림 9 《연금술의 서수》속 도판. (1477년경) 토머스 노턴. 연금술사가 그릇과 저울이 있는 탁자에 앉아 있다. 두 명의 무릎을 꿇고 있는 조수가 용광로 앞에 앉아 실험을 준비하고 있다.

받는 것이 중요했다. 특히 자신의 실험실에서 화학과 물리 실험을 수행했던 보일은 학식 있는 관중 앞에서 시연할 수 있는 실험 절차를 확립했고 모두 쉽게 이해할 수 있는 방식으로 이러한 절차를 공개하여 재현할 수 있도록 했다.

보일에 앞서 블레즈 파스칼은 증인들 앞에서 정교하게 설계된 실험 절차에 따라 기압 측정 실험을 시연하여 결과의 재현성과 신뢰성을 확보했다.[30] 보일은 이 파스칼의 실험을 두고 새로운 과학을 타당하게 만든 '결정적 실험'이라는 찬사를 보냈다. 이 말은 베이컨이《신기관》에서 사용한 '결정적 사례'라는 표현과 유사한 뜻이었고, 나중에 아이작 뉴턴이 자신의 프리즘 실험을 가리켜 '결정적 실험'이라고 이르면서 유명해졌다.

시연과 입회는 이후 출판을 통해 수많은 가상 증인virtual witness을 확보하는 과학 문화가 탄생하는 데 중요한 자양분이 되었다. 이렇게 발견을 공개하고 검증하는 것은 과학이 열린 사회에서 작동하고 번성한다는 사실을 잘 보여 준다. 과학과 마찬가지로 연금술 역시 실험 방법을 사용했다는 공통점이 있다. 그러나 과학과 달리 발견을 비밀에 부친 연금술은 종말을 고했다. 이런 점은 근대 과학의 발전에서 연구 결과를 평가하고 검증하는 비판적 공동체의 형성이 얼마나 중요한지 보여 준다.

18세기 산업 혁명 이후 과학에 대한 대중의 호기심이 크게 증가하면서 과학 실험을 대중 앞에서 시연하는 행사가 유행할 정도가 되었다. 공개 시연을 가장 인상적으로 표현한 작품 중의 하나는 조지프 라이트가 그린 〈공기 펌프 속의 새 실험〉이다. 그림은 새가 든 유리통(공기 펌프) 안을 바라보는 구경꾼들의 표정을 인상적으로 담았는데 참고로 공기 펌프는 보일의 연구 이후 실험 과학의 권위와 대중성을 상징하는 도구로 자리 잡은 실험 기구였다.

산소가 생명의 화학 원소임을 어떤 식으로 대중에게 각인시킬 수 있을까? 공기 펌프로 유리병 속의 공기를 제거했을 때 앵무새의 운명을 보여 주는 방식보다 더 극적일 수는 없을 듯하다. 그림 속

창문을 통해 보이는 달은 당시 큰 주목을 받았던 루나 소사이어티라는 과학 사교 모임을 상징하는 듯 보인다.

따라서 실험실은 사적 공간인 동시에 공적 공간으로서의 역할도 담당했다. 실험의 시도는 사적이지만 신뢰할 만한 과학 지식으로서의 인식적 지위를 얻으려면 대중 시연으로 공개적 검증을 받아야 했기 때문이다. 즉 실험실은 공연장의 성격을 띠면서 지식의 생산과 검증에 특화된 문화적 상징 공간의 역할도 했다. 이러한 시연은 실습을 통한 학습이라는 새로운 교육 방식으로 이어지면서 이론 중심의 기존 교육을 보완하는 출발점으로 작용했다.

또한 시연의 기능은 실험실과 박물관 사이의 공통분모를 구성했다. 실제 케임브리지 대학교나 옥스퍼드 대학교의 경우 대학 내 박물관에서 교육과 연구가 결합된 아카데미 실험실이 성장했다.[31] 과학이 점점 더 전문화되고 세분화됨과 동시에 대학 교육이 급격히 확장되자 실험실은 연구와 인력 양성을 중심으로 독자적으로 발전하게 되었고 박물관은 대중 전시와 교육에 초점을 맞춘 기관으로 특화되었다. 이에 따라 과학자들은 박물관이 아니라 실험실 생활에 전념하기 시작했다. 이러한 사실들은 실험실이 과학을 둘러싼 당대의 사회문화적 특징과 인식의 구조를 살펴보는 데 유용할 수 있음을 보여 준다. 그렇다면 실험실은 과학의 어떤 부분들을 더 말해 줄 수 있을까?

수작업으로 얻은 지식

16세기에 늘어나기 시작한 실험실은 연금술을 위한 특별한 장소로 주로 궁정이나 수도원에 자리 잡았다. 17세기 이후 연금술사의 실험실은 새로운 형태의 과학을 위한 공간의 기준점이 되었다. 화학 실험실은 대학, 식물원, 박물관과 같은 기관에 들어서기 시작했다. 이와 동시에 실험실은 약재상의 가게나 광물 사업장에도 들어섰고 17세기 말이 되자 제약 무역이 실험실의 확산에 크게 기여했다.[32] 18세기에 접어들어 실험실은 제도적인 틀 속에서 대학이나 아카데미나 전문 기술 학교 등에 자리 잡기 시작했다.

이러한 실험실의 발전 양상은 사회 및 문화 구조의 변화를 반영한다고 볼 수 있다. 이외에도 실험실을 통해 과학 연구를 둘러싼 다양한 의미를 짚어 볼 수 있다. 먼저 실험실의 등장은 과학적 지식을 생산하는 데 육체적 노력을 기울이는 것이 상당히 수용되었음을 말해 준다. 이는 르네상스 시기에 학술과 장인 문화가 서로 상호 작용하면서 가치의 전환들이 일어나기 시작하는 것과 일맥상통한다. 이렇듯 실험실은 사회 문화적 변화의 기반 위에서 새로운 의미와 가치를 재생산하는 장소이기도 했다.

실험실의 모습을 담은 다비트 테니르스나 데이비드 리카에르트 3세 등의 초기 미술 작품을 보면 흔히 책과 실험 장비가 같이 등장하는데(그림10), 이는 텍스트 지식과 수작업으로 얻은 지식의 새

그림 10 〈실험실의 연금술사〉. 소(小) 다비트 테니르스.

로운 융합을 시각적으로 표현한다.[33] 즉 실험실은 읽고 쓰는 공간일 뿐만 아니라 손으로 실험을 수행하는 공간인 것이다. 이는 실험실이 기존의 단순한 작업장을 넘어 과학적 지식을 발견하고 그러한 지식을 기록하는 공간으로 의미가 변했음을 보여 준다.

하지만 르네상스 시기 이후에도 지적 작업에 비해 수작업은 열등한 일이라는 인식은 상당히 지속되었다. 대학은 여전히 서적 탐독을 중심으로 관념적 지식을 다루는 데 몰두했다. 학문적 세계에서 도서관이 차지하는 권위를 고려한다면 직접 수작업을 해야 하는 실험실이 자리 잡을 여지는 그리 크지 않았다. 또한 현실 세계는 이데아의 모방이라는 플라톤의 생각과 세계는 완벽을 향해 진보한다는 아리스토텔레스의 생각 사이에서 실험의 의미는 모호한 긴장감 속에 휩싸일 수도 있었다. 이런 점에서 볼 때 실험실의 출현은 지적 전환기를 상징하는 공간이었다.

한편 브라헤가 덴마크의 벤 섬에 세운 우라니보르크 천문대의 실험실 이미지를 통해서도 당대의 인식을 엿볼 수 있다. 이 천문대는 성처럼 생긴 건물로 최상층에서는 천문 장비를 활용한 관측이, 그 아래층에서는 테이블에서 주로 수학적 계산이, 지하에 위치한 실험실에서는 연금술 실험이 이루어졌다.[34] 이러한 공간적 구분과 배열은 브라헤의 세계관이 반영된 것으로 천문학과 연금술은 대우주와 소우주에 대응되었다. 즉, 실험실은 대우주와 소우주를 연결하는 장소라는 의미다. 비합리적이고 신비주의적이기는 하지만 실험실을 둘러싼 다양한 서사가 흐르는 점은 상당히 흥미롭다.

특히 브라헤는 연금술과 의학의 융합을 꾀했던 파라셀수스의 학문 전통 속에서 연금술에 큰 관심을 보였고 연금술을 지상의 천문학으로 생각했다. 참고로 약리학의 아버지로도 불리는 파라셀수스는 오스왈드 크롤이 1611년에 펴낸《화학 교회》의 표지에서 그려진 전설적 혹은 선구자적인 여섯 명의 연금술사 중 한 명으로 소개될 정도로 큰 영향력을 지닌 인물이었다.

실험실의 등장으로 자연을 실험실로 옮겨 놓을 수 있게 되자 단순한 관찰에서 벗어나 자연을 조사하고 심문할 수 있게 되었다. 그뿐만 아니라 인위적 방식으로 자연에 개입하는 것까지도 가능해졌다. 이 시기에 법률가들이 주로 다루던 조사, 증거, 사실, 심리라는 용어가 과학에서도 널리 사용되기 시작했다.[35] 베이컨은 실험에 관해 논하면서 자연의 심문이나 괴롭혀진 자연이라는 표현을 사용했다. 피의자를 조사하고 심문하여 범죄 사실을 밝히는 사람이 법률가라면 자연을 조사하고 심문하여 실체가 드러나도록 하는 사람이 바로 과학자가 된 것이다.

일찌감치 실험 장비는 과학 발전의 핵심적인 요소로 자리 잡았다. 18세기 초 차카리아스 콘라트 폰 우펜바흐는 실험실의 가치는 실험실 내에 설치된 화로furnace를 통해 평가할 수 있다고 한 바 있다. 오늘날로 치면 초고분해능 형광 현미경이나 초저온 전자현미경과 같은 최첨단 장비를 구비하고 있느냐를 두고 실험실의 연구 역량을 평가하는 것과 유사하다. 우펜바흐는 또한 실험실의 기술자들이 화로를 너무 소홀히 다루는 것을 두고 상당히 비통하게 여겼다.[36] 이 역시 오늘날의 실험실에서도 여전히 반복되는 모습이다.

18세기 후반에 소개된 윌리엄 루이스의 실험실을 보면 상당히 정돈된 실험 장비의 배치를 볼 수 있다(그림11). 선반을 이용하여 벽면 공간의 활용도를 넓혔고 실험 기자재의 공간적 배치에 신경을 썼다는 점에서 실험 방식과 작업 원칙이 상당히 정교해졌음을

그림 11 윌리엄 루이스의 실험실 모습. (1763~1766)

엿볼 수 있다. 창가에 놓인 상자 속의 저울도 눈에 띄는데, 실험실 내부가 어두운 상황에서도 어느 정도 무게를 측정할 수 있었을 것으로 보인다. 따라서 실험실의 출현은 공간의 재구성과 활용에 대한 고민을 낳았고 공간적 질서 위에서 연구의 효율성과 생산성의 문제로 이어졌다고 볼 수 있다.

앙투안 로랑 라부아지에의 실험실을 통해서도 공간 구성에 대한 전략과 고민을 느낄 수 있다. 라부아지에의 부인인 마리 앤 라부아지에는 남편의 실험실과 실험 장면에 대한 매우 정교한 소묘를 남겼다(그림12). 선반이나 벽장을 통해 실험 기자재의 보관과 활용성을 높였고 특히 이전과 달리 실험 테이블을 적극적으로 활용한

그림 12 휴식 중인 남자의 호흡을 실험하는 라부아지에와 노트에 기록하는 아내. (1790년경)

모습을 볼 수 있다. 또한 조수들의 분업화된 작업 양상도 눈에 띈다. 따라서 실험실이 등장함에 따라 실험 전용 공간, 시설 및 기자재, 인력 확보 및 운영이 매우 중요한 이슈로 전환되었음을 짐작해 볼 수 있다.

18세기를 주름잡았던 라부아지에, 헨리 캐번디시, 조지프 프리스틀리와 같은 저명한 화학자들은 고가의 정밀 측정 장비를 제대로 갖춘 실험실에서 연구를 수행할 수 있었다.[37] 특히 라부아지에는 실험 장비와 기기 제작과 확보의 중요성에 일찌감치 주목한 과학자 중의 한 명이기도 하다.[38] 하지만 당시 대부분의 화학자는 실험실에 고가의 첨단 장비를 갖출 만한 상황이 되지 않았다. 장비의 확보는 지식 생산의 범위를 확장하고 정확성을 높이는 데 매우 중요했기 때문에 연구력의 차이가 생기는 중요 원인 중의 하나가 되었다.

한편 실험실의 장치화는 19세기 후반과 20세기 초에 일어난 과학의 지적 및 사회적 구조의 큰 변화를 이끌었다.[39] 실험 장치의 활용 여부는 연구자가 실험을 설계하고 데이터를 생산하는 데 결정적인 역할을 하기 때문에 실험과학의 제도화와 전문화의 문제와도 직결되었다. 특히나 측정 및 기록 장치는 연구자의 감각 경험의 범위를 확장시켜 이전에는 알아챌 수 없었던 현상을 객관적이고 정량적으로 분석하면서 주관적 경험이나 측정을 방해하는 요소를 제거할 수 있도록 해 주었다.

이런 면에서 볼 때 실험실은 자본 의존성이 매우 높다. 그렇기 때문에 동원할 수 있는 자본의 정도에 따라 과학 지식의 생산성이 결정되고 과학자 사회는 계층화될 수밖에 없다. 특히나 연구 프로젝트를 책임지는 위치에서 과학자의 삶을 새롭게 시작하는 경우 실험실 공간 확보와 시설 확충의 문제와 씨름할 수밖에 없다. 그래서 연구 책임자는 늘 재원 확보의 고충에 시달리고 있다.

19세기 전 실험실이라는 단어의 사용과 의미를 보면 두 가지 중요한 사실을 포착할 수 있다.[40] 첫째, 실험실은 거의 대부분 화학 조작을 하는 한정된 장소를 가리켰다. 둘째, 근대 초기의 실험실은 순수한 학문적 틀 속에서만 이해될 수 있는 것은 아니었다. 다양한 분야에 종사한 장인들의 작업장을 포함했다. 아카데미 실험실은 자연에 대한 탐구가 주로 이루어졌던 반면, 장인의 실험실은 상업적 목적이 우선시되었다. 하지만 이 두 실험실의 구조나 설비는 크게 다르지 않았고, 학문적 연구와 상업적 연구는 서로 배타적인 것이 아니라 상호 작용하며 발전했다.

오늘날 실험실의 설계와 물리적 특징은 국가와 지역을 떠나 매우 유사한 모습을 띤다. 하지만 그렇다고 해서 실험실 문화마저 획일화된 것은 아니다. 그리고 사회의 변화에 따라 실험실의 역할도 크게 변하고 분화되었다. 상업적 목적으로 기업체도 자체 실험실을 갖추었다. 대학의 학술적 성격과는 달리 기업체 실험실은 논문 발표보다는 경제적 유용성과 특허 출원에 관심을 두었다. 두 차례에 걸친 세계대전은 실험실의 규모를 확장시키는 데 큰 힘을 발휘했고 실험실의 성장은 산업 발전과 국가 경쟁력을 견인했다. 이제 실험실의 의미와 역할은 간단한 말로 정리하기 힘들 정도로 복잡해졌다.

실험실 혁명의 의미

17세기에 접어들어 실험실이 확산되면서 학생들도 실험실에 접근할 수 있게 되었다. 요하네스 하르트만은 1609년에 마르부르크 대학에 화학 교수로 임명된 후 학생들이 이용할 수 있는 실험실을 열었다. 요한 호프만은 1683년 알트도르프 대학 내에 화학 실험실을 마련했다.[41] 당시의 실험실 교육의 모습은 아니발 바를레 자신의 실험실에서 강의하는 이미지를 통해 짐작해 볼 수 있다(그림13).

19세기 초반 교양 교육 중심에서 벗어나 고유한 연구를 중요시하는 대학 개혁이 이루어지면서 화학, 물리학, 생리학 실험실은 연구 중심 대학의 핵심 장소로 자리 잡게 되었다. 이에 따라 교육은 사실을 가르쳐야 한다는 생각에서 과학적 추론 방법과 분석 방법을 가르치는 것으로 이행되었다. 이제 실험실은 과학 지식을 생산하는 장소라는 단순한 인식을 넘어 과학을 상징하는 사회적, 문화적 아이콘이 되었다.

과학 지식을 생산하는 장소이자 연구를 통한 교육의 핵심 장소로 실험실이 부상하면서 실험실이 설립되고 확장되어 가는 일련의 거대한 흐름을 두고 '실험실 혁명'이라고 부를 수 있다. 교육에서 강의뿐만 아니라 실험실에서 행해진 실습이 얼마나 유용할 수 있는지 이미 1790년대 파리에 설립된 에콜 폴리테크니크가 잘 보여주었다. 두 가지 요인이 19세기 초에 일어난 실험실 혁명을 견인했다. 하나는 기존 대학의 개혁이고, 다른 하나는 새로운 대학의 설립이다.

19세기에 접어들면서 대학은 더 이상 단순히 지식을 수집하고 정리하는 데 그치지 않았다. 베를린 훔볼트 대학교를 필두로 연구

그림 13 바를레의 실험실 모습. (1653년)

를 통해 지식을 생산하는 장소로 변모했다. 교육과 연구의 장소로서 실험실이 성공하자 실험실의 흡인력을 알아차린 대학들은 재빨리 실험실을 학교의 핵심 구성 요소로 편입시켰다. 실험실이 더 이상 작업장의 의미가 아니라 아이디어·개념·지식·담론이 교환되는 중요한 지점이 된 것이다.

과학자를 전문적으로 양성하기 위해 대학에 들어선 대표적인 실험실로는 독일의 화학자, 유스투스 폰 리비히의 화학 실험실을 들 수 있다. 리비히는 1826년 독일 기센 대학교에 연구를 통한 교육이라는 이념을 실현할 수 있는 실험실 체제를 구축했다.[42] 파리에서 조제프 루이 게이뤼삭의 실험 교육을 목격한 경험이 그에게 중요하게 작용했다. 리비히는 칼 카스트너의 지도를 받아 박사 학위를 받았지만 크게 만족하지 못해 게이뤼삭의 지도 아래 연구를 계속했다. 이후 알렉산더 폰 훔볼트의 도움에 힘입어 기센 대학교에 자리를 잡았다.

초반에는 선배 교수였던 빌헬름 짐머만의 반대로 실험실을 구하지 못해 고전하기도 했다.[43] 하지만 실험실에서 이루어진 연구와 교육이 통합된 수업으로 인해 리비히는 이내 국제적 명성을 얻었고, 대학의 교육 방식에 큰 변화를 일으켰다. 리비히는 화학은 강의실이 아니라 실험실에서 배우는 것임을 항상 강조했다. 1839년 실험실을 대폭 확장했을 때에는 학생 실험실 겸 준비실과 강의실 사이에 문을 만들어 두 곳 사이의 소통 구조를 만들기도 했다.

빌헬름 트라우트쇼프의 그림에서 1840년대 리비히가 진행한 실험실 교육의 모습을 살펴볼 수 있다. 이전과 달리 리비히의 실험실에는 방 전체에 여러 개의 실험 테이블이 있어서 많은 학생들이 동시에 실험을 할 수 있었다. 보통 실험실 전체가 한눈에 들어오는 곳이 책임자의 자리였고 한 실험실에서 다른 실험실로 옮겨 다니면서 가르치기에 편리하게 설계되었다. 실험실은 연구와 강의 사이의 상보적 결합이 일어나는 장소이자 교육 혁신을 이끈 장소로 자리매김하게 된 것이다.[44]

화학 분야에 이어 물리학 분야도 1833년 괴팅겐 대학교의 빌헬름 베버에 의해 실험실 혁명이 시작되었다.[45] 이어 생리학 분야도 1839년 얀 푸르키녜가 브로츠와프 생리학 연구소를 세우면서 본격적인 실험생리학의 길을 열었다.[46] 1870년대에 접어들자 과학 전문 학술지에서도 실험실의 전경이나 구체적인 실험실 세팅의 문제를 다루기 시작했다.

19세기 후반 리비히의 실험실 체제에 주목한 미국 존스홉킨스 대학교의 초대 총장 대니얼 길먼은 실험실 교육, 즉 '연구를 통한 교육'의 이상을 바탕으로 연구 중심 대학의 기틀을 마련했다.[47] 특히 길먼은 "최고의 선생님은 대개 도서관과 실험실에서 자유롭고 유능하며 독창적인 연구를 수행할 수 있는 사람입니다"라고 말했다. 학생의 지식과 능력을 향상시키는 데 연구가 얼마나 중요한지 강조한 것이다.

이후 실험실은 연구와 교육이 강력하게 결합되는 공간이 되었고 대학원 교육의 핵심으로 뿌리내렸다. 또한 지식을 구하는 방법을 가르치는 실험실 교육은 전 세계적 대학원 제도의 전형이 되었다. 실험실은 과학자로 성장하기 위해 수련하는 장소이자, 과학 지식을 생산하고 유통시키며 상호 검증하는 장소로 확고히 자리매김한 것이다.

생각의 오류를 잡기

화학이나 식물학은 오랜 기간 의학의 영역에서 발전했고 자연사의 전통과 접점을 이루었다. 이러한 점은 파도바 대학의 식물원을 비롯하여 최초의 식물원들이 의과 대학 교수의 주도로 설립되었다든지 근대 유럽에서 유명한 의대 교수 또는 의사들이 식물학이나 화학을 강의했고 연구에 힘썼다는 점에서도 잘 드러난다.[48]

예를 들어 보자면 분류학의 아버지로 불리는 칼 폰 린네는 식물학자로 잘 알려져 있지만 의사이기도 했다. 안드레아 체살피노와 렘베르트 도둔스는 의과 대학 교수이면서 식물학을 연구하고 가르쳤다. 게오르크 에른스트 슈탈과 부르하버는 의과 대학 교수이면서 화학을 가르쳤다.

의화학·약제학·식물학의 발전은 치료학의 측면에서 의학의 발전을 견인했다. 하지만 생리학 실험실이 등장하고 나서야 인체와 질병에 대한 과학적 탐구가 가능하게 되었다. 실험생리학의 선구자인 프랑수아 마장디의 제자로 실험 의학의 아버지로 불리는 클로드 베르나르는 1865년 작성한《실험 의학 연구 입문》을 통해 의학에서 실험이 가지는 의미와 실험실의 중요성을 다음과 같이 설명했다.[49]

한마디로 나는 병원을 과학적 의학의 입구로만 생각합니다. 병원은 의사에 의해 관찰이 이루어지는 최초의 장소입니다. 그러나 의학의 진정한 성역은 실험실입니다. 오직 실험실에서만 의사는 실험 분석을 통해 정상적 혹은 병적인 상태의 삶에 대한 설명을 구할 수 있습니다. (…) 나의 의견을 말하자면 의학은 흔히 믿듯 병원에서 끝나는 것이 아니라 단지 거기서 시작되는 것입니다. (…) 간단하게 말하면 의사는 실험실에서 진정한 의학을 성취할 수 있습니다.

특히 베르나르의 "실험은 우리의 생각이 옳다는 것을 입증하기 위해서가 아니라 생각의 오류를 통제하기 위해 하는 것입니다"라는 말이나 "과학의 출발점은 관찰이고, 종착점은 실험이며, 그 결과로 발견되는 현상들은 합리적 추론으로 인식할 수 있습니다"라는 말은 실험 의학의 정신을 압축적으로 표현하고 있다.[50] 그에 의해 체계화된 실험 의학은 치유 공간인 병원과 실험 공간인 실험실의 긴밀한 상호 작용을 바탕으로 질병의 원인과 기계적 원리를 규명하는 데도 크게 기여했다.

생리학 지식은 고대 그리스 시대부터 동물 생체 해부 실험을 통해 축적되었다.[51] 하지만 실험실 연구에 힘입어 생리학은 점차 해부학의 속박에서 벗어나 물리학을 기반으로 인체의 기능과 생물학적 과정을 탐색하는 기초 의학으로 전환되었다.[52] 카를 루트비히는 물리학적 개념과 방법을 생리학에 적용하여 동태 기록기와 혈류 측정용 유량계 등의 측정 장치를 발명했다.[53] 생리학 실험실이 첨단 장비로 무장하기 시작한 것이다. 이후 실험실은 과학적 의학의 가설을 만들고 검증하는 공간으로 확고한 위치를 차지했다.

질병과 생명 현상 인식의 분자화나 모형 기반의 연구는 21세기에 들어 새로운 패러다임으로 자리 잡고 있는 정밀 의학으로 이어졌다. 일부 암의 경우 이미 유전자 변이 검사 결과를 토대로 최적의 치료 방법을 선택하여 환자를 치료하기 시작했다. 실험실은 이제 연구와 치료의 긴밀한 동맹을 새롭게 성사시키고 치료학 혁신의 전기를 마련해 준 장소가 된 것이다.

이는 실험실의 역할이 자연 현상의 이해라는 전통적 의미에만 머무르지 않는다는 말이다. 또한 환자를 치료하고 인구 집단의 건강을 증진시키는 데 실험실이 보다 더 적극적으로 참여하고 있음을 말해 준다. 문제는 의생명과학에서의 발견과 성과가 임상 현장에서 기대하는 효과로 좀처럼 이행되지 않는다는 점이다. 이제 실험실은 새로운 도전에 직면하고 있고 또 다른 응전을 준비해야 하는 시점에 다다랐다.

형이상학과의 결별

실험실의 출현과 발전은 과학 연구의 방식이 새롭게 등장했고 과학 지식의 본성이 달라졌음을 가리킨다. 자연이라는 물질세계가 실험실이라는 장소 안으로 옮겨지면서 과학 연구는 형이상학적 전통과 결별했고 단순한 관찰을 넘어 자연을 조사하고 심문하는 방식으로 전환되었다.[54] 특히 자연 현상을 인위적으로 유도하고 변수를 통제할 수 있게 되자 과학 지식을 생산하는 일은 체계적이고 직업적인 모습으로 변했고 과학 연구의 목적은 자연 현상의 정교한 기술에서 인과 관계에 대한 기계론적 설명으로 옮겨졌다. 이에 따라 과학 지식은 사변적·관념적·추상적 틀에서 벗어나 경험적·실증적·구체적 성격을 띠게 되었다.

하지만 실험실이 탈맥락화된 장소라는 점은 필연적으로 이율배반 혹은 상충의 문제를 낳을 수밖에 없었다. 먼저 실험실이라는 통제되고 이상화된 공간에서 유도한 현상이 실제 세계에서 일어나는 자연 현상과 동일하다고 볼 수 있느냐에 대한 문제이다. 과연 실험 모형이 현실을 완벽하게 반영할 수 있을까? 철학적 논쟁이 필요한 부분이긴 하지만 "기본적으로 모든 모델은 다 틀렸습니다. 하지만 일부는 유용합니다"라는 통계학자 조지 박스의 말이 과학 현장의 현실과 잘 부합한다.

실험실이 실험의 객관성을 담보할 수 있느냐에 대해서도 질문할 수 있다. 이 질문은 다소 뼈아픈데, 요즘 '재현성의 위기'가 자주 언급되기 때문이다.[55] 한 실험실에서 수행된 연구 결과가 다른 실험실에서 제대로 재현되지 않는다는 말이다. 이것은 매우 큰 주제인데 간략하게 짚어 보면 대부분의 실험 방법이 표준화보다 최적화에 초점이 맞추어져 있다는 점, 실험 방법의 타당성에 대한 학계의 검토 기준이 확실하지 않다는 점, 우선권과 연구비 경쟁이 가속화되고 있다는 점 등에서 이유를 찾을 수 있다. 이러한 상황은 실험실이 또 다른 혁신과 변화의 요구에 직면하고 있음을 보여 준다.

어원을 바탕으로 실험실을 신성한 노동의 장소로 생각해 보는 것과 '기도하고 일하라'라는 모토가 여전히 유용하다는 점은 주목할 만하다. 1906년 노벨 생리의학상을 수상한 산티아고 라몬 이 카할은 "장비도 필요했지만 과학적 진보를 이끄는 것은 주로 영감과 고된 노력이었습니다"라고 말했다. '천재는 인내심'이라고 했던 아이작 뉴턴의 말 역시 마찬가지다. 행위자의 태도와 마음가짐을 강조한 대목이다. 쿤라트의 《영원한 지혜의 원형극장》에서 소개된 실험실의 모습에서 살펴봤듯이 세월이 흐르고 세상이 바뀌었어도 과학자들이 새겨야 할 자세와 태도는 여전히 변하지 않았음을 알 수 있다.

논리적 완결성을 꿈꾸거나 실험의 성공을 기원하는 종교적 세계관도 여전히 실험실 한편에 자리하고 있고, 국가나 지역에 따라 재원이나 인력의 격차로 인해 연구의 주제나 수준에서 차이를 보이는 지리적 특징도 여전히 문제적이다. 그렇기에 우리는 실험실을 단순히 실험이 이루어지는 장소로만 볼 것이 아니라 그 이상의 의미에 대해 생각해 볼 필요가 있다. 더욱이 과학을 더욱 풍요롭고 생생하게 이해하려면 말이다.

이렇게 보면 실험실은 역사적 장소가 된다. 원대한 지적 기획의 역사적 산물인 실험실이라는 장소에서 과학 연구를 하고 있다는 것은 어떤 의미를 지닐까? 과학자라면 과학적 발견에 앞서 역사적 사명과 책임을 다하는 자세를 갖추어야 하지 않을까? 그렇다면 실험실은 과학 지식을 생산하고 확장하는 공간 그 이상의 의미를 가질 수밖에 없다. 그렇기 때문에 놓치고 있거나 외면하고 있는 실험실에 대한 의미를 새기는 작업은 중요할 수밖에 없고 '아드 폰테스' 즉 '기본으로 돌아가라'는 말의 의미를 되새길 필요가 있다.

2장

그렇게 가설이 만들어진다

"과학의 엄청난 비극은 추악한 사실로
아름다운 가설을 죽이는 것입니다."

토머스 헉슬리

실재와 인식의 간극

과학은 실제 세계에서 일어나는 자연 현상을 설명하고 이해하는 학문이다. 이를 위해 과학은 관찰이나 실험을 동원하여 자연 현상을 측정한다. 이런 지적 기획의 결과, 실제 세계에 질서가 부여되고 실제 세계와 인식 세계의 간극은 좁혀지며 나아가 실제 세계를 정밀하고 효과적으로 조작할 수 있게 된다. 이렇게 과학 지식이 확장되고 심화된 덕분에 우리는 상당히 많은 질병을 체계적으로 이해하고 통제할 수 있게 되었다.

따라서 과학 연구는 사회에 큰 영향을 미친다. 그렇다면 도대체 과학 연구는 어떻게 하는 것일까? "이미 있던 것이 후에 다시 있겠고 이미 한 일을 후에 다시 할지라도 해 아래에는 새 것이 없나니"라는 전도서의 한 구절처럼 새로움이 없다는 생각이 지배했던 중세 시대에는 호기심이 용인되기 쉽지 않았고 과학의 발전도 기대하기 어려웠다.

자연 현상에 대한 호기심은 과학 연구의 중요한 동기이자 출발점이다. 알베르트 아인슈타인은 "나에게는 특별한 재능이 없습니다. 단지 열렬한 호기심이 있을 뿐입니다"라는 말로 호기심의 중요성을 강조했다. 하지만 호기심만으로 해결되는 것은 아니다. 호기심이 구체적인 방법을 안내해 주지 않기 때문이다. 일단 연구가 시작되려면 호기심과 실제 연구 사이를 이어 줄 매개, 즉 가설이 있어야 한다.

과학에서 가설의 중요성은 이미 여러 과학철학자가 지적한 바 있다. 칼 포퍼는 《과학적 발견의 논리》에서 시험할 가설이 없다면 자연을 적절하게 관찰하는 것이 불가능하다고 말했다. 그에게 가설이란 '선택의 원리'이다. 칼 헴펠 역시 《자연과학철학》을 통해 가설의 도움 없이 자료를 수집하는 것은 맹목적이라고 지적했다. 자료 수집의 합리성은 가설에 의해 결정된다고 설명한 바 있다.

이쯤 되면 과학에서 가설이 차지하는 중요성은 충분히 가늠할 수 있을 것이다. 하지만 실험실에서 마주친 과학자에게 가설이 무엇인지 물어본다면 뭔가 찔리는 듯한 표정을 지을 것이다. 1960년 노벨 생리의학상을 수상한 피터 메다와가 1969년에 출간한 《과학적 사고에서 귀납과 직관》에서 "과학자에게 과학적 방법이 무엇인지 물어본다면 그 과학자는 엄숙하면서도 찔리는 표정을 지을 것입니다. 엄숙한 표정은 뭔가 의견을 말해야 한다고 느끼기 때문이고 찔리는 표정은 말할 의견이 없다는 사실을 어떻게 숨길까를 고민하기 때문입니다"라고 했던 것처럼 말이다.

대개 과학자들은 개별 가설의 타당성에만 관심을 기울일 뿐 가설 그 자체가 무엇인지 고민하거나 설명할 일이 잘 없다. 또한 과학자의 일이란 경험과 훈련을 통해 암묵적으로 체화되고 내면화되는 성격이 강하다. 그렇기 때문에 실험실에서는 이런 문제를 두고 아주 무겁게 고민하거나 명시적으로 의견을 나눌 일이 흔치 않다. 본 장에서는 의생명과학 분야에 종사하는 과학자의 입장에서 가설의 의미와 역할에 대해 살펴보고자 한다. 추상적이거나 관념적인 접근이 아닌 실험실 현장의 구체적 고민을 들추어냄으로써 과학 연구가 어떻게 시작되는지 이해를 돕고자 한다.

가설이란 무엇인가

중세 시기 가설은 몇 가지 서로 다른 의미로 통용되었다.[1] 논리학에서 가설은 논지thesis 아래에 오는 것을 뜻했다. '소크라테스는 사람이다'라는 진술은 '소크라테스는 죽는다'라는 결론을 도출하기 위한 가설이 된다. 수학에서 가설은 논거에 기초해 있는 가정supposition이나 공준postulate을 뜻하거나 천체에서 행성의 위치를 예측하는 이론적 모형을 뜻했다. 이후 가설은 경험적 검증이 필요한 이론이나 진리를 정립하기 위한 유용한 단계라는 의미에 가까워졌다.

오늘날 가설은 과학 연구의 출발점으로 대략 관찰과 실험과 같은 적합한 절차에 의해 수용되거나 기각될 수 있는 설명을 뜻한다. 하지만 가설이라는 용어는 맥락에 따라 서로 다른 의미로 통용되고 있기 때문에 그 뜻을 정확히 정의하기가 쉽지 않다. 이러한 모호함은 비단 어제오늘의 일이 아니다. 존 로크는 가설이 새로운 발견을 이끌 수 있다고 여겼지만, "나는 가설을 세우지 않습니다"라는 아이작 뉴턴의 말에서 알 수 있듯 가설은 아주 부정적인 의미로도 사용되었다.

그렇다면 가설이 무엇인지 이해하려면 먼저 과학 연구의 목적을 짚어 보는 것이 유용할 수 있다. 과학 연구의 목적은 측정 결과를 바탕으로 자연 현상을 설명하는 데 있다. 흔히 어떤 이론이 관찰이나 실험 데이터를 예측할 수 있을 때 이론이 데이터를 설명한다고 말한다. 하지만 이와는 조금 달리 의생명과학에서 말하는 설명은 일반적으로 법칙에 의거하는 것이라기보다 기전機轉 혹은 메커니즘에 근거한다는 의미로 더욱 널리 사용된다.[2] 달리 말해 '왜' 혹은 '어떻게' 현상이 발생했는지에 관해 만족스러운 실험 증거를 제시하는 방식이라는 말이다.

따라서 의생명과학 연구의 초점은 기본적으로 기전 규명에 맞춰지게 된다. 관념적 수준에서 말하는 기전이란 인과 관계 규명의 일환이나 인과 관계에 대한 구체적 설명이라는 의미로 통용된다. 보다 더 실천적 수준에서 볼 때 기전은 주로 어떤 현상을 유발하거나 기능이 나타나도록 하는 시스템 구성 요소의 활성 혹은 작용을 가리킨다. 이는 기전 연구가 기본적으로 환원주의적 접근을 기반으로 함을 보여 준다. 이러한 점은 원인에서 결과를 쫓아가는 연구와 결과에서 원인을 찾아가는 연구 모두에 해당된다.

정리하면 가설은 자연 현상 이면에 놓인 기전을 잠정적으로 제시하는 것이고, 기전의 의미에 내포된 환원주의적 관점과 인과 관계는 가설의 핵심 요소가 된다. 물론 실험실 현장에서 기전의 의미와 범위는 맥락에 따라 달라질 수 있다. 세부 전공이나 연구 주제에 따라서도 기전의 의미는 다를 수 있다. 그럼에도 불구하고 기전을 규명하는 작업은 인과 관계에 기인한 현상인지 혼동 효과로 인해 발생한 부수 현상인지를 구분하는 데 큰 도움을 준다. 만약 부수 현상이라면 기전에 관한 증거는 확보되지 않기 때문이다. 따라서 기전을 못 밝히면 잠정적으로 인과 관계가 아닌 것으로 취급받는 상황에 빠지게 된다.

여기서 한 가지 짚고 넘어갈 부분은 용어나 개념을 정의하는 문제는 대개 철학의 영역에 놓여 있다는 점이다.[3] 실험실에서는 가설·설명·기전·인과 관계·환원주의라는 개념이 서로 끈끈한 유대 관계를 맺고 있지만, 이 개념들을 명료하게 정의하고 사용하는 것은 아니다. 엄밀한 개념의 정의는 이론을 명료화하는 데 중요하지만, 실제 연구 진행에는 큰 영향을 미치지 않기 때문에 상당수의 의생명과학자들은 이 문제에 큰 관심을 기울이지 않는다.[4]

이러한 과학자의 모습은 1965년 노벨 물리학상을 받은 리처드 파인먼이 말했다고 널리 알려진 "새에게 조류학이 도움이 되는 만큼 과학자에게 과학철학이 도움이 됩니다"라고 말한 데에서도 잘 드러난다.[5] 용어를 명쾌하게 구분해서 사용한다고 해서 당장 눈앞에 필요한 연구 결과를 만들어 내는 데 직접적인 도움이 되는 것은 아니다.

하지만 개념을 정의하고 구분하려는 노력은 과학자에게 필수적인 생각의 힘을 기르는 데 아주 중요하다. 특히 이러한 노력이 부족하면 새로운 문제를 규정하거나 실험 데이터를 해석하고 고찰할 때 큰 어려움을 겪는 경우가 많다. 또한 전문 용어로 소통하면서 일반 용어가 지닌 애매모호함의 문제를 피하고 있지만 아이러니하게도 과학자들은 용어를 정확히 정의하는 데 다소 인색한 면이 있다는 점은 성찰이 필요한 대목이다.

학술지에 투고한 논문이 게재 거절될 때 흔히 접하는 심사 의견 중의 하나가 "기전적mechanistic이지 않고 너무 기술적descriptive입니다"이다. 그렇다면 기술적이라는 말과 기전적이라는 말은 서로 대비되거나 반대되는 뜻일까? 대부분의 의생명과학자는 기술적이라고 하면 관찰적·예비적·표피적·나열적·상관적임을, 기전적은 실험적·분석적·심층적·해석적·인과적임을 뜻하는 것으로 받아들인다. 따라서 두 용어는 서로 반대되는 뜻으로 받아들일 뿐 아니라 우열의 의미로도 흔히 사용되고 있다.

그렇다고 해서 기술적인 것과 기전적인 것을 나누는 뚜렷한 기준이 있는 것은 아니다. 과학자나 과학 학술지의 편집진도 이런 용어의 개념을 명료하게 정의하면서 사용하지 않는다. 그렇기 때문에 맥락적 이해가 중요해진다. 한 가지 주목할 점은 의생명과학에서 구체적인 정체나 물리적 실체를 밝혀냈던 연구는 대부분 기술적인데, 이는 세포막의 조성이 단백질과 지질로 구성되었거나 염색체가 핵산과 단백질로 구성되었음을 밝힌 연구를 떠올리면 금방 이해될 것이다. 이런 기술적 연구가 없었더라면 오늘날의 과학적 성취를 상상하기 어렵다.

따라서 "기술記述이 과학을 발전시킬 유일한 길"이라는 뷔퐁 백작의 말은 여전히 유효하다. 요즘도 〈사이언스〉나 〈네이처〉와 같은 저명 학술지에서 흔히 볼 수 있는 대규모 집단 유전학 연구나 고인류 유전체 연구는 여전히 기술적이다. 또한 전염병의 예방이나 통제 등 인구 집단의 건강 문제에 관한 의학의 한 분과인 역학 연구 역시 기술적인 경우가 많다.[6]

그럼에도 불구하고 대부분의 경우 의생명과학자는 기술적 설명보다 기전적 설명을 훨씬 더 선호하며 이를 더 체계적이고 심도 있는 것으로 여기며 학문적 성숙의 척도로 삼고 있다.[7] 기전적이라는 말이 그 자체로 우수하거나 좋음을 뜻하지는 않지만, 17세기 이후 무생물과 달리 생명체에는 특별한 힘이 내재되었다는 생기론 vitalism과의 대립에서 기계론이 승리를 거두었다는 점에서 긍정적 이미지로 각인된 면이 크다. 오늘날 의생명과학 분야에서 생명체의 특별한 힘을 믿는 신비주의와 자연 현상에 목적이 내적되어 있다는 목적론적 세계관은 완전히 퇴출되었다.

가설 도출의 핵심인 인과 관계의 규명은 얼마나 고되고 힘든 작업일까? 고대 그리스의 철학자로 세계가 원자로 구성되어 있다는 원자론을 제안한 데모크리토스는 "페르시아의 왕이 되기보다 차라리 하나의 인과 법칙을 발견하겠습니다"라고 말하기도 했다. 실제 의생명과학에서 인과 관계를 규명하는 일은 공식에 따라 정답이 딱 떨어지는 것과 거리가 멀다. 특정 상황이나 맥락에 의존하는 경우가 많기 때문에 일반화한 설명이 어렵다. 뒤에 나오겠지만 환자의 규모나 질병의 양상 등 현실적 고민과 가치마저 개입되면 상황은 더욱 복잡해진다. 그렇기에 데모크리토스의 심정은 충분히 이해가 된다.

일시적이고 잠정적인

대다수의 의생명과학 연구자들은 기전에 대한 지식이 생명 현상이나 질병을 잘 설명하고 예측할 수 있어야 한다는 점에 동의하지만 실제 상황을 충실히 반영하고 있느냐에 대해서는 의견이 분분하다. 이는 기전에 대한 지식이 객관적 실재와 대응하는지에 주목하는 진리 대응론적 관점과 기존 지식의 체계와 잘 들어맞는지에 주목하는 진리 정합론적 관점의 차이와도 일맥상통한다.

기전에 대한 지식이 실제 상황을 제대로 반영하느냐의 문제에 주목하는 실재론realism의 태도와 이보다는 현상을 잘 설명하고 예측하느냐의 문제에 더욱 집중하는 도구주의instrumentalism의 태도에 대한 생각은 연구자마다 조금씩 다를 수 있다.[8] 학문 분야별로도 일정 부분의 차이가 있다. 그렇다 하더라도 대부분의 연구자들은 실재론을 지향하면서도 현실적으로 도구주의적 자세를 취하는 절충적 입장을 보인다.

실험 모형은 실재를 재구성한 통제된 체계라는 점에서 그리고 대부분의 의생명과학 실험이 탐침에 반응하는 신호를 측정하는 방식이라는 점에서 실재론은 다분히 이상주의적이다. 생체 분자인 핵산이나 단백질은 현미경으로도 거의 관찰되지 않는다. 따라서 이런 생체 분자에 특이적으로 반응하고, 그 결과 나타나는 색깔의 변화나 형광의 발생과 같은 물리 화학적 변화를 특별히 고안된 실험 장비로 측정하게 된다.

그렇기 때문에 실재론을 유연하게 받아들이지 않는다면 당장 어떤 실험 결과도 믿지 못하게 된다. 또한 치료 표적 발굴이나 신약 개발도 요원해질 것이다. 즉 경험적 적절성을 완전히 제쳐 두고 진실성만 맹목적으로 추구하다 보면 과학적 발견을 토대로 현실 세계를 효과적으로 조작하는 일이 불가능해지고 만다.

하지만 실제 상황을 충실히 반영하는 지식이 등장하면 기존 이론은 불안정해지거나 잘못된 것으로 판명 날 수 있다. 따라서 설명력과 예측력의 측면에서 도구주의적 입장은 제한적으로만 수용 가능할 수밖에 없다. 새로운 발견 당시에는 기존 이론 체계와 잘 부합하는 것처럼 보여도 시간이 지난 다음 잘못된 것으로 밝혀지는 사례가 많기 때문이다. 가장 인상적인 예를 들면 대니얼 가이듀섹은 지발성 바이러스가 쿠루병를 유발하다는 것을 발견한 공로로 1976년 노벨 생리의학상을 수상했지만 나중에 단백질 입자인 프리온이 원인인 것으로 밝혀졌다.[9]

윌리엄 워튼은 1694년《고대와 근대 학문에 대한 고찰》에서 이미 과학은 일시적이고 잠정적인 지식을 다룬다고 보았다.[10] 특히나 실험적 증거는 확실성과 명확성을 항상 보장하는 것은 아니다. 이러한 증거의 불안정성 혹은 반증 가능성은 의생명과학 지식이 논쟁의 여지가 없는 것이 아니라 늘 검증에 시달릴 수 있음을 보여 준다. 그렇기 때문에 기전에 기반한 추론 혹은 의생명과학적 추론은 관찰 현상의 인과 관계를 규명하기에 부족함이 있고 임상적으로 유용하지 않을 수 있다.

이 지점에서 커다란 문제에 직면하게 된다. 의생명과학 연구자라면 대부분 자신의 발견이나 이론이 임상 시험을 통해 증명되어 활용되기를 원하기 때문이다. 그런데 만약 기전에 대한 증거가 불안정한 것이라면 임상적 적용이 쉽지 않다는 결론에 이르게 된다. 물론 지식이 참이라는 것이 보장되더라도 임상적으로는 유용하지

무작위
시험

관찰연구

의생명과학적 추론(기전에 기반한 추론) /
전문가 판단

그림 14 근거 기반 의학의 증거 위계 구조. 일반적으로 무작위 시험과 관찰 연구를 포함하는 비교 임상 연구는 기전에 기반한 추론이나 경험에 기댄 전문가의 판단보다 증거 능력을 더 인정받는다. 증거 능력을 갖추려면 임상적으로 효과적이어서 임상적 결정을 내리는 데 유용해야 한다.

않을 수 있다. 이 문제는 의생명과학 연구의 고민스러운 현실이기도 한데, 신약이나 진단법 개발에 관한 논문이 쏟아져 나오지만 왜 지극히 일부분만 임상 현장에 적용되는지를 떠올리면 금방 이해가 될 것이다.

근거 기반 의학 혹은 증거 기반 의학이 제시한 증거의 위계에서 의생명과학적 추론은 비교 임상 연구보다 입증력 혹은 입증 강도가 낮은 것으로 보고 있다(그림14).[11] 달리 말해 기전 연구의 결과가 임상적 현안 해결하거나 임상적 결정을 내리는 데 큰 도움이 되지 않을 수 있다. 임상적 판단을 고려한다면 통제된 실험실 조건에서 세포나 동물 실험을 기반으로 확보한 연구 데이터는 환자로부터 직접 얻은 임상 데이터에 비해 비판과 반박에 취약할 수밖에 없기 때문이다.

1965년 노벨 생리의학상을 수상한 자크 모노는 "대장균에게 진실인 것은 코끼리에게도 진실입니다"라고 말했는데, 오늘날 의생명과학에 떠올릴 때 그의 말은 아주 제한적으로만 참이다. 그렇기 때문에 실험을 통해 생성된 지식이 임상적 진보를 이끌어 내는 과정은 데이비드 우튼이 《의학의 진실》에서 말했듯 늘 '지연의 역사'가 함께할 수밖에 없다. 어떤 증거가 임상적으로 유용하고 효과적이려면 환자에게 적용할 수 있는 외적 타당도가 있어야 하고, 돌아가는 이득이 해로움을 훨씬 능가해야 하며, 여러 가지 선택할 수 있는 방법들 중 최선이어야 한다. 따라서 임상적 적용이나 임상적 결정을 돕는 것을 평가의 기준으로 삼는다면 기전 연구를 통해 얻은 결과는 증거의 등급에서 품질이 높다고 보기 어렵다. 실제 유망한 기초 연구 결과는 임상에 잘 적용되지 않고 적용된다 하더라도 오랜 시간이 걸리는 것으로 조사된 바도 있다.[12]

임상 연구에서 효과가 있었으나 기전 제시에 실패했다는 이유로 의료계가 즉각적으로 수용하지 않은 대표적인 사례로 헝가리의 산과 의학자 이그나츠 제멜바이스와 배리 마셜이 있다. 제멜바이스는 손 씻기를 제안하며 분만 과정에서 발생하는 감염 질환인 산욕

열 발생률을 낮췄고 2005년 노벨 생리의학상을 수상한 배리 마셜은 소화성 궤양의 원인인 헬리코박터균을 발견했지만 즉각 인정되지 않았다. 하지만 이는 기전의 문제라기보다 패러다임이라는 개념적 틀에서 이해할 필요가 있다. 19세기에 눈에 보이지 않는 미생물이 질병을 일으킨다는 생각이나 1980년대 초 이전까지 강한 산성 환경인 위 안에 미생물이 살고 있다는 생각은 상식에 대한 도전이었기 때문이다.

의학에서 기전에 대한 이해가 필수적이라고 생각하는 결정론적 관점은 실험 의학의 아버지 클로드 베르나르에 의해 체계화되었고 오늘날에도 이러한 견해를 신봉하는 과학자들이 상당히 많다. 하지만 이러한 관점은 다분히 극단적이다.[13] 왜냐하면 우두 접종법을 발견한 영국의 의학자 에드워드 제너는 면역학적 기전에 대한 이해 없이도 백신을 도입했고, 존 스노는 콜레라균을 발견하기 이전에 이미 깨끗한 물로 콜레라의 확산을 막았으며, 흡연의 발암 기전을 잘 이해하지 못한 상황에서도 금연을 통해 암 발생률을 떨어뜨릴 수 있었기 때문이다.

그럼에도 불구하고 기전 연구를 통한 인과 관계 규명은 여전히 매우 중요한 의미와 역할이 있다. 우선 논리 실증주의의 선두에 있던 독일 태생의 미국 철학자 루돌프 카르나프가 제안한 '총체적 증거의 원리'를 살펴보자. 이는 가설의 입증 정도에 영향을 줄 수 있는 어떤 증거도 누락되어서는 안 된다는 점을 고려할 때 기전에 대한 지식은 굉장히 유용하고 비교 임상 연구를 통해 얻은 증거를 일반화하고 강화시키는 데에도 크게 기여할 수 있음을 의미한다. 또한 양질의 기전 증거는 새로운 임상 연구를 자극하기에 충분한데, 특히 오늘날 표적 치료제나 정밀 의학과 같은 개념이 현실적으로 구체화된 데에는 기전 연구의 공이 크다.

물론 기전은 늘 복잡하고 실험 모형은 늘 불완전한 지식을 생산한다는 문제는 여전히 고민해야 할 부분이다. 임상적 실재를 고려하여 실험 모형을 설계하고 쟁점 기전을 확증하려는 노력이 필요하다는 말이다. 특히 어떤 기전이든 인과적 현상을 설명하기 위해 인위적으로 고안해 낼 수 있다는 비판은 과학자들이 가슴 깊이 새길 필요가 있다. 하지만 임상 의학의 발전에서 기전 연구는 매우 중요한 역할을 해 왔고 앞으로도 그럴 것이다. 다만 왜 기전 연구로부터 생산된 결과가 왜 환자들에게 쉽게 파생되지 못하는가에 대한 질문은 여전히 과학자들의 숙제다.[14] 양질의 기전적 증거를 확보하고 추론의 임상적 예측력을 향상시키려면 우리는 어떤 노력을 기울여야 할까?

인과 관계가 어려운 이유

형이상학적 쟁점과는 별개로 인과 관계 규명은 의생명과학 과학자에게 매우 어렵고 힘든 문제이다. 실제로 감염 질환이나 유전 질환을 제외하면 아직까지 병인病因이 명쾌하게 밝혀진 질병이 거의 없다. 인과 관계 규명의 어려움은 크게 두 가지, 즉 내적 이유와 외적 이유가 있다. 내적 이유는 의생명과학의 본성과 관련된 것이고, 외적 이유는 연구자의 자세와 관련된 것이다.

먼저 내적 이유를 보자. 기본적으로 생명체는 분자, 세포소기관, 세포, 조직, 장기, 기관 등 복잡한 계층적 구조로 이루어져 있고 이런 복잡한 수준에서 일어나는 생물학적 과정은 굉장히 많은 단계를 거쳐야 하기 때문에 인과 관계를 파헤치는 일이 원천적으로 녹록치 않다.

그뿐만 아니라 생명 현상에서 인과 관계는 매우 복잡한 사슬 혹은 망의 형태를 이루기 때문에 실체에 접근하는 것 자체가 어렵다.[15] 더욱이 유성 생식을 하는 거의 모든 개체는 유전적으로 서로 다르고 설령 일란성 쌍둥이처럼 같다고 하더라도 후생 유전학적으로 차이를 보이며 각자가 처한 환경 역시 매우 다르다. 그렇기 때문에 집단 수준의 인과 관계는 확률적일 수밖에 없고 개인 수준의 인과 관계와 반드시 일치한다고 말하기 어렵다. 따라서 어떤 면에서 보면 보편적인 것이 예외적이고 예외적인 것이 보편적이라고 할 수 있다.

예를 들어 흡연은 관상 동맥 질환의 원인일 뿐만 아니라 폐암의 원인으로도 작용할 수 있다. 그렇다고 해서 흡연이 이 두 질병을 항상 동시에 유발하는 것도 어느 한 질병을 반드시 일으키는 것도 아니다. 흡연이 폐암의 원인이라고 해서 모든 흡연자가 폐암에 걸리는 것이 아니고 비흡연자라고 해서 폐암에 걸리지 않는 것도 아니다. 의생명과학에서 원인으로 간주되더라도 거의 대부분은 질병을 일으키는 충분조건이 아니라 필요조건에 머문다. 그뿐만 아니라 흡연은 관상 동맥 질환 발생의 직접적 원인으로 작용할 수 있지만, 고혈압 유발을 통해 간접적으로 영향을 미칠 수도 있다.

또한 원인 인자를 몇 개로 보느냐에 따라 실험 설계의 복잡도가 달라진다. 왜냐하면 원인이 하나라고 추정하는 단순 가설이라면 하나의 변수만 통제하는 실험을 설계하면 되지만, 원인이 둘 이상 되는 복합 가설이라면 상황이 크게 달라지기 때문이다. 이런 점은 실험 연구의 한계로도 작용한다. 원인 인자 혹은 독립 변수가 서너 개이상만 되더라도 실험 설계가 쉽지 않다. 각각의 원인이 결과 발생에 얼마나 기여할까? 각각의 원인은 결과 발생에 서로 독립적으로 기여할까 아니면 상호 작용을 할까? 개인의 유전적 차이는 인과 관계에 얼마나 영향을 줄까? 이런 유형의 질문은 연구 결과를 두고 논란이 끊이지 않을 수 있음을 보여 준다.

다수의 유전자가 발병에 관여하는 암이나 당뇨병과 같은 복잡 질환을 떠올리면 인과 관계에 관한 분자 기전 연구의 어려움은 쉽게 이해될 것이다.[16] 그렇게나 많은 연구 결과가 축적되었지만 복잡 질환의 원인은 아직도 제대로 밝혀내지 못하고 있다. 그렇기 때문에 이러한 난점이나 한계를 극복하는 방법으로서 최근 들어 전산 생물학적 접근이 강조되고 있다. 물론 그 유용성을 제대로 판단하기에는 아직 시간이 더 필요하다.

이렇듯 인과 관계는 직접 원인과 간접 원인, 필요 원인과 충분 원인, 단일 원인과 부분 원인 혹은 공동 원인 등의 측면에서 살펴봐야 하기에 매우 복잡하다. 따라서 생명체의 계층적 구조, 다단계로 이루어진 생물학적 과정, 인과 관계의 복잡성 등을 고려하면 가설을 만드는 일이 왜 그렇게도 어려운지 충분히 이해할 수 있을 것이다. 더군다나 이를 실험실에서 구현하는 일은 더더욱 제약이 따를 수밖에 없다. 모든 변수를 파악하는 것은 불가능하고 또한 변수를 철저히 통제한다는 것 자체가 실제 상황과는 거리가 멀기 때문이다.

이외에도 또 다른 내적 이유로는 의생명과학이 자연에서 발견되는 규칙성이나 필연성과 같은 자연법칙에 크게 주목하지 않는다는 점을 들 수 있다.[17] 뷔퐁 백작은 "자연은 창조주에 의해 정립된 영원한 법칙의 체계"라고 했고 베이컨은 "자연법칙의 발견이 자연철학의 근본적인 목표"라고 주장했으며 뉴턴은 "자연 철학의 목표는 관찰과 실험으로 자연의 법칙을 규명하여 사물의 원인과 결과를 추론하는 데 있다"고 말했다.

하지만 의생명과학의 경우 물리학이나 화학과 달리 거의 대부분 상황이 바뀌면 달라지는 맥락 의존적 지식을 다루기 때문에 법칙의 문제에 둔감하게 된다. 법칙에 기대어 인과 현상을 설명하기 어렵기 때문에 인과 관계에 대한 지식은 개별 사안마다 각기 서로 다른 방식으로 생산될 수밖에 없고 주어진 맥락이 어떤지에 따라 논란의 여지가 커질 수밖에 없다.

다음으로 인과 관계 규명이 어려운 외적 이유인데, 가설 도출을 위한 전제 조건으로 생각해도 무방하다. 먼저 전문 지식을 충분히 갖추는 것 자체가 어려울 뿐더러 문헌 조사를 통해 새로운 지식을 지속적으로 업데이트하면서 연구 쟁점을 놓치지 않는 것도 쉽지 않다. 보통 문득 아이디어가 생기면 우선 문헌 조사를 통해 아이디어를 보강하거나 가지치기하거나 성숙시킨다. 따라서 비판적으로 지식을 습득하는 역량은 매우 중요하다. 하지만 문제는 이런 역량을 기르는 방법이 주로 암묵적 영역에 속해 있어서 그 방법을 쉽게 찾을 수 없다는 것이다.

여기서 '비판적'이나 '논리적'이라는 말에 너무 큰 부담을 가질 필요가 없다는 점을 짚고 넘어가고 싶다. 실험실 안에서 그리고 연구 주제에 관해서는 비판적이고 논리적이라 하더라도 실험실 밖이나 연구 이외의 이슈에 대해서는 그런 면을 찾기 어려운 과학자도 무척 많다. 특히 개인의 이익과 직결된 문제에 대해 전혀 논리적이지 않은 과학자를 제법 볼 수 있다. 이 말은 결국 비판과 논리적 사고가 내면화되지 않더라도 직업적 훈련을 통해 얼마든지 연구를 잘 할 수 있음을 보여 준다.

전문적인 배경 지식을 갖추는 것이 중요한 이유는 관찰 현상을 설명할 수 있는 모든 잠정적인 경쟁 가설을 생각해 낼 수 없고 실험에 영향을 주는 모든 잠재적 교란 요인을 고려할 수도 없기 때문이다. 과학자들은 대개 실험 결과에 영향을 줄 것처럼 보이는 그럴듯한 가설이나 요인들만 검토하는 방식을 취한다. 이를테면 실험실에서 끊임없이 울리는 시계 알람 소리나 연구자들의 토론하는 말소리가 대부분의 실험에 영향을 줄 수 있다는 생각은 그럴듯해 보이지 않는다. 전문적 배경 지식이 용인할 수 있는 교란 요인의 범위를 일러 주는 것이다.

또 다른 외적 이유로는 실험 방법의 원리와 한계 및 상세한 절차를 제대로 파악하고 숙지하는 것 역시 어렵다는 점을 들 수 있다. 이 부분이 부족하면 실험 데이터를 제대로 해석할 수 없기 때문에 가설을 세우는 것도 덩달아 제약이 생길 수밖에 없다. 또한 연구원의 역량, 연구비의 규모, 실험 기자재의 운용 및 확충과 같은 현실적 고민과 공동 연구가 활발하게 일어나는 최근 과학계의 작동 경향도 가설 도출에 미치는 영향력을 무시할 수 없다.[18]

연구력은 실험 장치뿐만 아니라 연구비 수급, 우수 인력 확보, 연구 지원 인프라 등 여러 가지 요인에 의해 결정된다. 아무리 좋은 아이디어가 있고 설득력 있는 가설을 세워도 이런 요인들이 부족하면 여러 수준에서 신뢰할 만한 실험적 증거를 충분히 확보하기 어렵고 엘리트 학술지에 논문을 싣기 힘들게 된다. 이렇듯 실험실 연구는 비과학적(사회·정치·경제·문화 등) 요인의 지배를 크게 받는다. 이제 가설을 세우는 일이 얼마나 어렵고 골치 아픈 작업인지 확실히 이해가 될 것이다. 인과 관계 규명이 이렇게나 힘들기 때문이다. 하지만 이게 끝이 아니다. 또 다른 고민들이 필요하다.

좋은 가설의 조건들

실험실에서 가설을 잘 세우려면 적어도 몇 가지 문제를 우선 고민해야 한다. 첫째 분자 기전을 밝히는 문제, 둘째 원인과 결과의 본성 또는 속성을 규정하는 문제, 셋째 조작적 정의를 내리는 문제, 그리고 마지막으로 논문 게재의 필요조건과 관련된 문제이다.

첫째, 오늘날 의생명과학에서 기전 연구라고 하면 대개 분자 기전을 의미한다. 유전자나 단백질과 같은 분자 수준에서 생명이나 질병 현상을 탐구하지 않으면 영향력 있는 학술지에 논문을 싣는 것이 어렵기 때문에 분자 기전 제시는 의생명과학 연구의 의무 통과점이라고 할 수 있다. 하지만 분자 기전 연구에 몰두하더라도 문제의 원인이 결과에 인과적으로 작용하느냐를 규명하는 일은 쉽지 않다.

예를 들어 '베타아밀로이드'라는 단백질의 침착이 치매의 원인이냐 아니냐를 두고 수십 년 동안 많은 과학자들이 논쟁을 벌이고 있는 데서도 잘 드러난다.[19] '액틴'이라는 단백질이 세포의 핵 안에 존재한다는 사실이 수용되기까지도 10여 년 이상의 논쟁 과정을 거쳤다.[20] 현재 가장 인기 있는 유전자로 각광을 받고 있는 *TP53* 유전자의 경우 1979년 처음 발견된 이후 한동안 암 유발 유전자로 알려졌다가 1989년 저명한 암유전학자 버트 보겔스타인에 의해 암억제 유전자로 판명나면서 새로운 전기가 마련되었다.[21]

둘째, 무엇보다도 원인과 결과의 본성 혹은 속성을 정확하고 구체적으로 규정하는 것이 매우 중요하다. 예를 들어 '유전자 A의 비정상적 활성이 세포의 죽음을 유도한다'라는 가설을 세웠다고 가정해 보자. 유전자 A의 비정상적 활성이라는 말의 뜻은 상당히 모호하다. 왜냐하면 발현 변화에 의해 야기될 수도 있고 염기 서열 변이에 의해 야기될 수도 있기 때문이다. 둘 중 어느 것을 선택하느냐에 따라 비정상적 활성을 유발하는 실험 방식은 완전히 달라지게된다. 세포의 죽음이라는 결과도 사멸에 의한 것인지, 괴사에 의한 것인지에 따라 연구의 방향이 완전히 달라진다.[22]

경우에 따라서는 근접 원인과 궁극 원인의 구분이 필요할 수도있다.[23] 물론 일반적으로 의생명과학에서 말하는 원인은 해부생리학에 기반을 두고 있는 근접 원인이다. 반면 궁극 원인은 기원에 관한 것으로 주로 진화생물학적 관점에서 다루어진다. 궁극 원인에 대해 고민해 보는 것은 연구 아이디어나 영감을 제공한다는 점에서 매우 유용할 수 있다.

이런 점은 하버드 대학교 인간진화생물학과 교수 대니얼 리버먼이 쓴 《우리 몸 연대기》에서 잘 드러난다. 당뇨나 고혈압과 같은 대사 질환은 구석기 시대에 머무르고 있는 우리의 유전자가 급변한 오늘날의 식생활 환경에 제대로 적응하지 못해 생겨난 불일치 질환이라고 볼 수도 있다. 이런 관점은 질병의 기전과 예방에 관한 연구에 큰 영감을 준다.

셋째, 일반적으로 가설은 상당히 관념적이고 추상적이라는 데서 문제가 생겨난다. 개념적 정의에 의존해서는 관찰 현상을 측정할 수 없기 때문에 조작적 정의가 필요하다.[24] 따라서 조작적 정의는 흔히 측정 규칙의 성격을 띤다. 조작적 정의를 내릴 수 없다면 과학적으로 의미 없는 진술 혹은 물음을 만들어 낼 뿐이다. 예를 들어 세포 사멸이라는 개념을 세포막의 물질 투과도 증가와 같은 물리적 속성에 대응시켜야만 적절한 실험 설계와 측정이 가능해진다.

물론 지식이 축적되고 분석 방법이 개선됨에 따라 조작적 정의 역시 달라질 수 있기 때문에 과학에 내재된 역사성의 문제를 간과해서는 안 된다. 예를 들면 유전자 발현을 정의하는 방식도 시대에 따라 달라질 수 있다. 한 유전자로부터 얼마나 많은 RNA가 만들어지느냐로 정의하기도 했지만 요즘은 RNA뿐만 아니라 단백질도 얼마큼 많이 만들어지는지 또한 활성도 얼마나 많이 나타나는지 등으로 조작적 정의의 범위가 크게 확장되었다.

마지막으로 논문 게재의 필요조건에 대해 잘 숙지하고 있어야 한다. 과학 연구의 결과는 논문의 형태로 전문 학술지에 실리고 유통될 때 의미를 갖는다.[25] 논문이 학술지에 게재되려면 신규성과 중요성과 유용성 등의 측면에서 호소력이 있어야 한다. 특히 과학자들은 발견의 우선권priority을 확보하기 위해 치열한 경쟁을 벌인다는 점을 감안할 때 연구 결과의 신규성은 매우 중요한 문제가 된다.[26] 신규성은 흔히 생산된 지식의 새로움 또는 지식의 틈새 메우기가 아니면 기존 지식의 새로운 적용 또는 편익 향상에 관한 것으로 구분된다.

신규성과 우선권은 과학 연구의 가장 두드러진 특징 중의 하나이다. 미국의 사회학자 로버트 머튼은 우선권 경쟁이 17세기부터 지속되었다고 지적한 바 있다.[27] 이 문제는 무엇보다도 새로운 지식을 공유할 필요성을 공통적으로 인식하기 시작했음을 보여 준다. 뿐만 아니라 공유되는 전문 지식의 체계가 수립되었다는 것, 전문가 공동체가 형성되었다는 것, 논쟁을 판별할 수 있는 기준이 생겨났다는 것, 생산된 지식을 공적으로 승인받을 수 있는 방식이 마련되었다는 것도 의미한다.[28]

신규성에 더해 의생명과학 논문이 영향력을 발휘하려면 논문 내용에서 질병의 진단·치료·예방 등 임상적 가치나 중요성이 잘 드러나야 한다. 그러다 보니 유전자 연구를 하더라도 임상적으로 유용한 유전자에 연구가 집중되는 경향이 흔히 나타난다.[29] 연구 경향은 호기심과 흥미나 관심과 같은 순수한 학문적 동기로만 만들어지는 것이 아니라 사회·정치·경제적 이유에 의해 구성되는 면이 크다.[30] 또한 논문의 영향력을 평가하는 중요 기준 중의 하나인 인용은 해당 문헌에 관한 직접적인 애착을 보여 주기는 하나 대개 그 시대의 지배적인 담론과 동떨어지기 어렵다.[31]

따라서 가설을 세우는 단계에서부터 연구의 파급력과 영향력, 연구 결과가 게재될 수 있는 학술지의 수준, 연구비의 확보 가능성 등의 문제를 소홀히 할 수 없다. 전체적인 연구 경향을 주시하면서 전략적 고민이 필요한 것이다. 그래서 의생명과학자는 가설을 세울 때 자신의 발견을 임상적 타당성이나 유용성과 연결할 수 있느냐를 두고 많은 고민을 하게 된다.

여기서 염두에 두어야 할 점은 과학적 발견의 중요성에 대한 판단은 다소 주관적이며 얼마든지 오류 가능성이 있다는 것이다. 머튼이 이른바 부익부 빈익빈을 '마태 효과Matthew effect'라고 불렀듯이 상대적으로 덜 알려진 과학자의 발견은 오랜 기간 무시되기까지 한다.[32] 또한 발견의 중요성은 발견이 시의적절해야 제때 인정받을 수 있기 때문에 중요성과 영향력이 반드시 일치하는 것은 아니다.[33] 발견 당시에는 주목받지 못하다가 어느 날 갑자기 큰 관심을 받게 되는 소위 말하는 '잠자는 미녀들' 현상이 존재한다.[34]

이를테면 그레고어 멘델은 1865년 유전 법칙에 관한 논문을 발표했지만 35년이 지난 후 세 명의 과학자에 의해 유전 법칙이 재발견될 때까지 세 번밖에 인용되지 않았다.[35] 독일의 의학자 핸스 크레브스의 구연산 회로 발견은 1937년 〈네이처〉로부터 거절당했지만 1953년 노벨 생리의학상을 가져다주었다.[36] 피터 랫클리프의 저산소 반응에 대한 연구 결과 역시 1992년 〈네이처〉로부터 거절당했지만 2019년 노벨 생리의학상을 수상했다. 크레브스와 랫클리프는 〈네이처〉로부터 받은 거절 편지를 잘 보관해서 후배 과학자들을 격려하기 위한 용도로 사용하곤 했다.

〈네이처〉의 편집진은 크레브스 씨에게 찬사를 보냅니다. 하지만 7~8주 동안 〈네이처〉의 지면을 채울 수 있는 충분한 논문을 이미 확보하고 있어 출판이 지연될 수밖에 없기 때문에 더 이상의 논문을 받아들이는 것은 바람직하지 못하다는 점에서 유감스럽게 생각합니다.

만약 크레브스 씨가 그런 지연을 꺼려하지 않는다면 편집진은 논문을 사용할 수 있을 희망이 보일 정도로 혼잡이 완화될 때까지 논문을 보관할 준비가 되어 있습니다. 하지만 크레브스 씨가 다른 학술지에 논문을 투고하기를 원한다면 편집진은 논문을 돌려줄 수 있습니다.

— 크레브스가 〈네이처〉 편집장으로부터 받은 게재 거절 편지

랫클리프 박사께

당신의 원고에 대한 결정을 내리는 데 오랜 시간이 지체된 것에 대해 매우 유감스럽게 생각합니다. 특히 우리가 출판을 제안할 수 없는 경우에 그러합니다. 내가 전화상으로 설명했듯이 우리는 검토 보고서를 얻는 데 큰 어려움을 겪었습니다. 어쨌거나 이제 당신의 원고에 대해 두 명의 심사위원이 작성한 검토 의견을 첨부할 수 있게 되었습니다.

기본적으로 심사위원 1은 호의적인 논평을 통해 당신의 연구 결과가 해당 분야의 다른 사람들에게 관심을 불러일으킬 것임이 분명하다고 했지만, 심사위원 2는 당신이 〈네이처〉 출판을 정당화할 수 있을 만큼 저산소증에 대한 유전적 반응의 기전에 대한 이해를 충분히 진전시켰다는 데 설득되지 않았습니다.

또한 심사위원 1이 언급한 불일치를 고려할 때, 특히 지면 경쟁을 감안할 때 당신의 논문은 다른 전문적인 학술지에 더 적합할 것 같다는 아쉬운 결론을 내렸습니다.

나는 이것이 당신의 관점에서 매우 실망스러운 결과임을 알고 있습니다. 유감스러운 심사 지연 이후라서 특히 더할 것입니다. 그러나 당신이 이 결정에 대한 이유를 이해하고 새로운 원고를 다른 학술지에 투고할 때 우리 심사위원의 검토 의견이 도움이 되길 바랍니다.

— 랫클리프가 〈네이처〉 편집장으로부터 받은 게재 거절 편지

이와 같이 노벨상 논문을 거절한 사례에서 알 수 있듯 발견 당시에는 연구의 파급 효과나 임상적 중요성을 제대로 몰랐던 경우도 허다하다. 페니실린의 발견은 대표적인 사례이다.[37] 알렉산더 플레밍은 페니실린의 항생 효과를 발견했지만 임상적 가치를 제대로 깨닫지 못했다. 그는 주로 파이퍼균을 배양할 때 다른 균의 오염을 억제하기 위한 용도로 활용했을 뿐이었다. 페니실린의 임상적 유용성은 호주의 병리학자 하워드 플로리와 영국의 생화학자 언스트 체인의 노력으로 확인되었다.

이러한 연유로 호기심에 의해 주도되는 연구는 매우 중요하다.[38] 다만 예전과는 달리 과학 지식과 기술이 축적된 요즘은 발견 초기부터 임상적 의미나 효과가 점점 더 예측 가능해지고 있는 것도 엄연한 사실이다. 또한 한 연구 성과를 다른 연구의 성과로 파생시키는 데 중요한 역할을 하는 중개 연구translational research의 개념도 깊이 인식할 필요가 있다.[39]

최초의 아이디어와 재구성

과학 학술지에 실린 논문을 읽어 보면 과학자의 탁월함에 놀랄 수밖에 없다. 우선 과학자들은 선행 연구를 검토하는 능력이 남다르다. 기존 연구의 문제점을 기막히게 찾아내는 데 그치지 않고 획기적인 가설을 논리적이고 명료하게 도출해 낸다. 이에 따라 실험을 설계하고 수행하면 한 치의 흐트러짐 없이 가설이 증명되고 만다. 실험실에서는 도대체 무엇을 배우기에 이렇게 기막힌 능력을 갖출 수 있게 된 것일까?

사실 실험실의 실상은 그렇게 간단하지 않다. 생각보다 훨씬 어수선하고 임기응변이며 뒤죽박죽이다. 예상했던 결과를 얻지 못하자 그제야 중요한 참고 문헌이 눈에 띄어 새롭게 가설을 다듬게 된다. 반드시 가설이 명료하게 정리되어야 실험을 설계하고 수행하는 것도 아니다. 아이디어가 생기면 우선 실험부터 한번 해 보고 만다. 머리보다 몸이 앞서는 경우가 비일비재하고 때로는 무모함이나 과감함 덕분에 돌파구를 찾기도 한다. 실험 결과를 해석하면서 뒤늦게 가설을 수정하고 다듬는 것도 부지기수다.

심지어 연구를 거의 마무리한 후 논문을 쓰는 단계에서 가설이 명쾌하게 정리되는 경우도 허다하다. 우연한 발견은 마치 처음부터 가설을 세운 것처럼 포장되고, 몇 가지 가설 후보를 저울질하며 어떤 것이 논문 게재에 가장 유리할지를 두고 고민하기도 한다. 뿐만 아니라 학술지에 논문을 투고한 뒤 게재를 거절당하면 다른 학술지에 투고하기 위해 가설을 바꾸고 이에 따라 실험 결과를 재배치하거나 실험을 보충하는 경우도 흔하다. 따라서 가설이 아름답고 매력적이라는 것은 그만큼이나 많은 우여곡절과 고민의 시간을 보냈다는 말이 된다.

1960년 노벨 생리의학상을 수상한 피터 메다와가 1963년 '과학 논문은 사기일까?'라는 제목으로 강연을 한 까닭이 이해된다.[40] 그만큼 실제 연구가 진행된 과정과 논문에 담긴 내용 사이에 큰 간극이 있으니 말이다. 우여곡절과 임기응변은 논문을 작성하는 과정 중에 철저히 제거되고 논리와 이성의 승리로 포장된다. 실제 이루어진 연구 과정의 내막은 회고나 고별 강의와 같은 특별한 기회에서 아니면 세미나 발표 후의 사적 자리에서 알려지게 되는 경우가 흔하다.

한편 가설의 구성 요건은 시대에 따라 계속 변할 수 있다는 것 또한 간과해서는 안 된다. 과학 지식이 쌓이고 실험 방법이 개선되면 가설이 성립될 수 있는 요건이나 정밀함 등에 대한 기준도 달라질 수밖에 없다. 이를테면 '특정 조건에서 어떤 전사 인자가 세포 내에서 염색체의 특정 부위에 결합함으로써 유전자의 발현을 조절한다'는 가설은 이를 증명할 수 있는 '염색질 면역 침강 법법'이라는 방법이 개발되기 전까지 무의미한 진술에 지나지 않았다.[41] 따라서 입증과 반증이 가능한 범위는 시대에 따라 달라질 수밖에 없다.

가설을 성공적으로 도출하기 위해서는 완급 조절을 할 수 있는 능력도 필요하다. 단 하나의 연구 논문으로 가설을 완벽하게 증명해 낼 수도 연구의 완성도를 높이기도 어렵기 때문이다. 그렇기 때문에 오늘날 대다수의 과학자는 자신이 풀고 싶은 문제를 두고 장

기간에 걸쳐 연구를 진행하면서 여러 편의 논문을 순차적으로 발표하는 식으로 단계적으로 완성도를 높여 나간다. 또한 실험실 여건에 따라 입증할 수 있는 정도가 달라진다. 실험실의 연구비 상황이 감당할 수 있는 범위 내에서 실험을 진행할 수밖에 없기 때문이다.

또한 과학 지식은 종교적 교리와 달리 얼마든지 수정되고 반박될 수 있다. 그렇기 때문에 연구 문제의 중요성과 시급성, 연구실의 재정적 상황 및 연구 인력 현황, 학문 공동체의 작동 방식 혹은 패러다임 등을 잘 고려하면서 가설을 세워야 한다. 특히 의생명과학에서 임상적 의미나 가치는 연구 주제를 선택하는 기준이 될 정도로 중요하다.[42]

이제 가설이 무엇인지 느낌이 올 것이다. 1983년 노벨 생리의학상을 받은 바바라 매클린톡의 "과학적 방법으로 일을 한다는 것은 내가 직관적으로 알아낸 어떤 것을 과학의 틀 속에 집어넣는 것입니다"라는 말이 실감날 것이다. 가설은 최초에 생긴 아이디어를 합리적 틀 속에서 재구성한 진술이다. 그렇기 때문에 최초의 희미한 아이디어 혹은 착상으로부터 실험적으로 입증 가능한 가설을 도출하기 위해서는 전문적 지식의 습득과 논리적으로 재구성하는 능력이 필요하다.

그래도 여전히 미궁 속에 남아 있는 문제가 있다. 바로 최초의 아이디어는 어떻게 생기느냐에 대한 것이다.

발견에 법칙이 있다면

최초의 아이디어는 어떻게 떠오르게 되는 것일까? 과학자가 되려면 발견의 법칙이나 논리라는 것을 따로 익혀야 하는 것일까?

이미 오래전에 한스 라이헨바흐나 포퍼와 같은 철학자들은 발견의 맥락을 규칙화할 수도 철학적으로 다룰 수도 없는 주제라고 보았다.

한편 미시간 주립 대학교 생리학과 교수 로버트 루트번스타인은《생각의 탄생》과《과학자의 생각법》에서 다음과 같이 저명 과학자들의 생각을 소개하고 있다.

> 창의적인 과학자들은 명쾌하고 직관적인 상상력을 가져야 하는데 그 이유는 새로운 아이디어는 귀납적인 방법이 아니라 예술적으로 창의적인 상상력을 통해 나오기 때문입니다.
>
> — 막스 플랑크 (1918년 노벨 물리학상 수상)

> 직감과 직관, 사고 내부에서 본질이라고 할 수 있는 심상이 먼저 나타납니다. 말이나 숫자는 이것의 표현에 불과합니다.
>
> — 알베르트 아인슈타인 (1921년 노벨 물리학상 수상)

> 새로운 사실의 발견, 전진과 도약, 무지의 정복은 이성이 아니라

상상력과 직관이 하는 일입니다.

― 샤를 니콜 (1928년 노벨 생리의학상 수상)

실제 논문을 검토하거나 실험에 몰두하다가 느닷없이 "이럴 수 있겠는데?" "이러지 않을까?" "이러면 말이 되는데?"라는 생각이 번뜩 들 때가 있다. 고단한 실험실 생활 중 흔치 않게 찾아오는 지적 쾌감을 느끼는 찰나이기도 하다. 이는 어림짐작으로 문제를 해결하는 일종의 '휴리스틱'으로서 아이디어가 생겨나는 초기 단계에서 귀추법abduction이 동원되었다는 뜻이다.[43] 귀추법은 불완전한 정보를 바탕으로 가장 간단하고 그럴듯한 최선의 설명을 도출하는 방식으로 의생명과학 분야의 실험실에서 흔히 접할 수 있다. 찰스 다윈은 "추측speculation이 없다면 뛰어나고 독창적인 관찰이 이루어지지 않습니다"라고도 말했다.

물론 우연히 혹은 우발적으로 떠오른 최초 아이디어의 대부분은 극히 일부만 살아남아 실제 연구로 이어진다. 혼자서 문헌 조사를 하면서 아이디어를 다듬기도 하지만 연구 결과를 공유하고 토론하는 랩 미팅이나 다른 과학자의 논문을 비판적으로 읽는 저널 클럽과 같은 모임 자리에서도 아이디어는 숙성될 수 있다. 때로는 가벼운 대화나 토론을 하다가 새로운 아이디어가 나오면서 전혀 예기치 않았던 방향으로 연구가 전개되기도 한다. 그렇기에 토론의 중요성을 인식하지 못하는 과학자는 단연코 없다고 장담할 수 있다.

아이디어의 전개에서 한 가지 강조하고 싶은 부분이 있다. 바로 글쓰기의 중요성이다. 생각을 말 혹은 음성 언어에 대응시키는 것도 쉽지 않지만 글 또는 문자 언어에 대응시키는 것은 더더욱 어렵다. 글로 생각을 표현하려면 이루 다 표현하기 힘들 정도의 고민과 노력이 들어갈 수밖에 없다. 이런 와중에 아이디어가 제대로 다듬어지거나 좋은 아이디어가 새롭게 떠오르는 경우가 흔하다. 그렇기 때문에 과학자는 누구보다도 글쓰기의 중요함을 무겁게 느끼는 사람이어야 한다.

이쯤 되면 모순적이게도 과학에서 아이디어 구상 혹은 착안에는 개성·우연·영감·직관·통찰과 같은 비과학적 요소가 매우 중요하다는 데 동의할 것이다. 이러한 과학의 모습은 무지·미신·독단에 저항하는 근대 과학의 계량적이고 객관적 이미지와 부합되지 않는다. 물론 이런 주관적이고 우연적인 요소들은 논문을 쓰는 과정에서 철저하게 배제된다. 즉 실험실에서 생산된 과학 지식은 주관과 객관의 옷을 절묘하게 걸치고 있지만, 밖에서 볼 때는 객관의 옷만 보이는 것이다.

어쨌거나 뜻밖의 발견 사례, 즉 '세렌디피티serendipity'는 또 다른 시사점을 던진다.[44] 세렌디피티라는 단어는《세렌딥의 세 왕자》라는 페르시아 동화에서 유래했다. 세렌딥은 실론(현 스리랑카)의 옛 아랍어 이름이다. 이 동화는 세 왕자의 현명함 덕분에 의도하지 않왔던 발견을 하게 되는 이야기를 담고 있다. 16세기에 이 동화는 페르시아어에서 이탈리아어로, 그리고 다시 프랑스어로 번역되었다. 이후 18세기 영국의 문필가 호레이스 월폴이 자신의 친구 호레이스 만에게 보낸 편지에서 세렌디피티라는 단어를 처음 사용했다.

세렌디피티가 중요한 것은 틀림없어 보이지만, 아무나 고대 그리스 수학자 아르키메데스처럼 목욕탕에 들어갔다가, 아이작 뉴턴처럼 떨어지는 사과를 보다가, 아우구스트 케쿨레처럼 뱀 꿈을 꾸다가 아이디어를 떠올릴 수 있는 것은 아니다. 발견에는 감수성의 문제가 있다. 즉 특정 순간을 잘 포착하여 자신의 연구와 결부시킬 수 있는 힘이 필요하다. 그렇기에 "중요한 모든 것은 이를 발견하지 못한 누군가가 이미 봤던 것입니다"라고 말한 현대 영국의 철학자 알프레드 화이트헤드에게 말에 귀를 기울일 필요가 있다.

과학계의 세렌디피티 사례들을 과연 곧이곧대로 믿을 수 있느냐의 문제도 있다. 뉴턴의 사과나 케쿨레의 뱀 이야기는 신빙성이 떨어지는 것이 사실이다. 1945년 노벨 생리의학상을 받은 알렉산더 플레밍의 페니실린을 발견하게 된 전설적인 이야기 역시 어디까지가 진실인지 확실하지 않다.[45] 플레밍의 발견은 흔히 창문으로 페니실리움의 포자가 들어와 박테리아 배양 접시에 내려앉았고 우연히 박테리아의 증식이 억제된 모습을 관찰한데서 시작되었다고 전해진다. 그런데 이 역시 신뢰하기 어려운데 당시 플레밍이 있었던 세인트 메리 병원은 너무 낡아서 창문이 열리지 않았기 때문이다.

그렇다고 해서 플레밍의 위대한 발견이 훼손되는 것은 아니다. 이는 손가락이 가리키는 곳을 보느냐 손가락을 보느냐의 문제로 볼 수도 있다. 다만 발견의 신화에 너무 휘둘리거나 굳이 자신의 발견을 너무 인위적으로 각색할 이유는 없을 듯하다. 그럼에도 불구하고 발견의 감수성에 대한 문제는 분명 눈여겨봐야 할 부분임에 틀림없다.

과학적 감수성의 조건

과학적 발견에 감수성이 중요하다면 '뜻밖의 발견'이란 말은 수사적 표현에 불과한 것일까? 어떻게 해야 좋은 발견을 이끄는 과학적 감수성을 향상시킬 수 있을까?

예술적 영감이나 직관이 중요하다고 해서 너무 지나치게 강조하는 것은 그다지 도움이 되지 않는다. 과학과 예술의 작동 방식은 서로 다르기 때문이다. 예를 들면 레오나르도 다빈치나 파블로 피카소가 태어나지 않았다면 〈모나리자〉나 〈게르니카〉도 없었겠지만, 뉴턴이나 다윈이 없었더라도 운동 법칙이나 진화론은 탄생했을 것이다. 따라서 예술과 달리 과학 분야에서는 늘 우선권 경쟁이 일어난다.[46]

과학적 발견의 감수성이란 최초 목격에서 아이디어로 이어지는 연결 고리가 얼마나 잘 형성되어 있느냐를 말하는 것이라고 할 수 있다. 1937년 노벨 생리의학상을 수상한 알베르트 센트죄르지가 일찍이 "발견은 누구나 보는 사실을 보는 것과 아무도 생각하지 못하는 사실을 생각하는 것으로 이루어집니다"라고 말한 바와 일맥상통한다. 〈사이언스〉에도 한차례 발표된 바 있듯 이질적인 아이디어나 지식이 비전형적인 방식으로 조합되었을 때 혁신적인 아이디어로 이어지고 영향력 있는 연구로 이어질 가능성이 높다는 말이다.[47]

알킬화제제인 질소머스타드가 최초의 화학 항암제로 개발된 사례는 위에서 언급한 화이트헤드나 센트죄르지의 말을 실감나게 해 준다. 황머스타드는 제1차 세계대전 때 피부를 손상시키고 물집을 일으키는 수포제로 개발되었다. 전쟁 당시 황머스타드에 노출된 군인들을 조사하던 중 수포제 작용 외에도 골수와 림프 조직을 파괴시킨다는 사실도 알려지게 되었다.[48] 하지만 루이스 굿맨과 알프레드 길먼이 등장하기 전까지 이러한 의도하지 않았던 독성은 새로운 연구로 파생되지 못했다.

굿맨과 길먼은 흔히 약리학의 성서 혹은 푸른 성서로 불리는 《치료학의 약리학적 기초》의 저자이기도 하다. 제2차 세계대전 때 독가스에 대한 해독제를 개발하던 중 이들 역시 머스타드 가스가 림프 세포와 골수 세포의 수를 감소시킨다는 것을 알게 되었다. 그들은 당시 독성학과 종양학 지식의 비전형적인 조합을 통해 머스타드 가스가 백혈병이나 림프종 치료에 유용할 수 있다는 생각을 해 냈다. 황머스타드보다 화학적으로 안정한 질소머스타드로 동물 실험과 임상 시험을 진행하여 실제 항암제로서의 유용성을 확인할 수 있었다.[49]

심리학자 사르노프 메드닉은 일찌감치 비전형적인 아이디어의 조합에 주목했다. 그는 두 가지 요소 혹은 아이디어가 서로 다르면 다를수록 새롭게 나온 아이디어가 훨씬 창의적일 수 있음을 간파했다.[50] 1975년 노벨 생리의학상을 수상한 크리스티아네 뉘슬라인 폴하르트 역시 "창의성은 이전에 아무도 연결하지 않은 사실을 결합하는 것입니다"라고 했다. 스웨덴의 사업가 프란스 요한슨도《메디치 효과》를 통해 기업 경영에서 기존 아이디어의 전형적이지 않은 조합이 혁신적인 발견에 얼마나 중요한 역할을 하는지 잘 보여 주었다.

특히 요한슨은 이질적인 아이디어가 만나는 지점을 '교차점'이라고 불렀고, 이 지점에서 혁신적인 아이디어가 폭발적으로 증가하는 현상을 두고 '메디치 효과'라고 이름 붙였다. 새로운 방향을 안내하는 '교차적 아이디어'는 가설이 만들어지는 초기 단계에서 매우 중요한 역할을 한다. 물론 가설을 성숙시키는 단계에서는 특정 방향으로 깊이 있는 아이디어, 즉 '지향적 아이디어directional idea' 가 중요한 역할을 하기 때문에 이 부분의 중요성도 간과해서는 안 된다.

최초 목격과 아이디어 사이의 연결 고리가 형성되는 데는 그 시대의 사회 문화적 조건과 개인의 삶의 방식과 그 속에서 의식적이거나 무의식적으로 체화된 세계관과 밀접한 연관이 있다. 이를테면 다윈의 진화론은 빅토리아 시대 산업 자본주의의 환경과 무관하지 않다. 또한 같은 자료를 두고 다윈과 달리 기존의 학문적 틀에 갇혀 있었던 저명한 동물학자 존 굴드가 자연 선택의 개념을 전혀 떠올리지 못했다는 점도 많은 시사점을 준다.[51]

요한 볼프강 폰 괴테의 말처럼 우리는 오직 아는 것만 볼 수 있고, 노우드 핸슨의 말처럼 관찰하는 행위는 그냥 쳐다보는 것이 아니라 이론이나 경험을 바탕으로 의미를 부여하면서 보는 것이기 때문이다.[52] 그렇기에 폭넓게 공부하고 여러 문화를 접하며 많은 경험을 쌓으면서 다양한 관점을 기르는 자세는 혁신적인 과학 연구에서 매우 중요한 요소가 될 수밖에 없다. 왜냐하면 기존 틀에 갇힌 제한된 사고는 지향적 아이디어를 만드는 데는 유리할 수도 있지만 교차적 아이디어의 생성에는 거의 도움이 되지 않기 때문이다.

영국의 물리학자 찰스 스노우는 1959년 케임브리지 대학교에서 '두 문화'라는 주제로 강의를 했는데, 이 강의 내용이《두 문화와 과학 혁명》이라는 제목의 책으로 출간되면서 큰 반향을 일으켰다.[53] 스노우는 두 문화 사이의 몰이해와 단절이 매우 심각한 상황임을 강도 높게 비판했다. 또한 두 문화의 단절은 사회 발전에 치명적인 장애와 손실이 되기 때문에 두 문화 사이의 간격을 메우는 교육의 필요성을 강조했다.

사실 지식의 전문화에 따른 두 분야의 분극 현상에 대해 영국의 철학자 화이트헤드도《과학과 근대 세계》를 통해 경고한 바 있다. 편협한 전문화는 틀에 박힌 정신을 낳고 이에 따라 자유분방한 상상력을 약화시키며 전체적으로 통합된 비전을 구현할 건전한 지혜는 균형을 유지하는 발달에서만 생긴다는 것이었다. 이러한 점들을 토대로 종합해 보면 과학적 발견의 원천은 간절함에서 비롯되는 노력·의욕·몰두·집요·끈기 등에 더해 관점의 다양성·전문성·동기 부여·실천력 등에서 비롯된다고 요약할 수 있다.

발견의 감수성이 드러나는 또 다른 지점이 있다. 그것은 연구에 임하는 태도와 자세를 말할 때 흔히 편견에 사로잡힌 부분이다. 관찰 대상이 관찰자의 의도대로 움직일 수 있는 관찰자 효과 때문에 일반적으로 과학자는 연구 대상과 감정적 거리 유지가 요구된다. 그러나 때로는 주체와 객체의 엄격한 분리가 아니라 상호 작용의 과정에서 얻어지는 경우도 있다. 이는 관찰과 몰입의 문제이기도 한데, 매클린톡의 일대기를 다룬 이블린 켈러의 책《생명의 느낌》에서 잘 드러난다.

미국의 세포유전학자 마르쿠스 로우즈가 매클린톡에게 어떻게 그렇게 새로운 발견을 잘 하는지 물어봤다. 그녀는 "나는 세포를 관찰할 때면 현미경을 타고 세포 속으로 들어가서 거기서 빙 둘러봄니다"라고 대답했다. 또한 "옥수수를 연구할 때 나는 외부에 있지 않았습니다. 나는 염색체 내부도 볼 수 있을 만큼 그 안에서 그 체계의 일부로 존재합니다"라고 했다. 이어 늘 충분한 시간을 갖고 열심히 들여다보면서 "대상이 하는 말을 귀 기울여 들을 줄 알아야 합니다"고 하면서 "나에게 와서 스스로 얘기하도록 마음을 열고 들어야 됩니다"라고 강조했다.

이뿐만 아니라 앞서 언급한 1965년 노벨 생리의학상 수상자 자크 모노는 "단백질 분자의 기능을 이해하기 위해 그것과 나를 동일시해야만 했습니다"라고 했으며, 1958년 노벨 생리의학상을 수상한 죠수아 리더버그는 "내가 만일 박테리아 염색체 조각의 일부라면 어떨까요?"라는 질문을 늘 던졌다고 전해진다. 이러한 사례들은 과학자가 대상에 대해 어떤 마음을 갖느냐에 따라 완전히 다른 방식으로 관찰 대상을 보게 되며, 그에 따라 과학적 성과도 전혀 달라질 수 있다는 시사점을 던진다.

물론 융합적 사고를 강조한다고 해서 학문적 깊이를 소홀히 다루어서는 절대 안 된다. 학문적 깊이 없이 전문성을 논하기 어렵다. 문헌학적 분석을 통해 과거의 지식이 미래의 발견에 얼마나 영향을 주는지에 대한 단서를 확보할 수 있는데, 최근 발표된 한 연구 결과에 따르면 영향력이 큰 논문일수록, 제대로 주목받지 못했거나 발표된 지 오래된 문헌에도 상당히 의존했음을 알 수 있다.[54] 의존도가 최신 지식 못지않은 것이다. 이는 최근에 발표된 논문 외에도 오래된 논문을 아우르는 공부를 하는 것이 새로운 아이디어 구상과 뛰어난 발견에 매우 중요함을 일러 준다.

젊은 과학자의 유연함

혁신적인 아이디어의 생산과 과학적 발견에서 빼놓지 않고 등장하는 주제 중의 하나는 나이에 관한 것이다. 다윈이나 플랑크는 젊은 과학자들이 기성 과학자들에 비해 훨씬 유연하고 사고를 가지고 있고 새로운 아이디어에 훨씬 더 전향적인 자세를 취한다고 말한 바 있다.

이는 '과학은 장례식을 치르면서 진보한다'는 '플랑크의 원리 Planck's principle'로도 잘 요약된다.[55] 이 말을 한 물리학자, 막스 플랑크는 "새로운 과학적 진리는 반대자를 설득하고 빛을 보게 함으로써 승리하는 것이 아니라 오히려 반대자가 결국 죽고 새로운 시각을 지닌 후속 세대가 성장하기 때문에 승리합니다"고 했다. 즉 과학적 혁신은 개별 과학자들의 마음이 바뀌기 때문에 일어나는 것이 아니라 처음부터 새로운 아이디어에 익숙하고 다른 관점을 수용할 수 있는 후속 세대 과학자들에 의해 일어난다는 말이다.

그럴듯해 보이는 이 말은 사실에 근거한 것일까? 최근 빅데이터 분석 기술의 발전에 힘입어 이에 대한 실증적 연구가 이루어졌다.[56] 1946년 이후 발표된 의생명과학 분야의 논문을 분석해 보니, 실제 젊은 과학자들이 훨씬 더 혁신적인 주제를 연구하고 있음이 드러났다. 여기서 젊음의 기준은 생물학적 나이가 아니라 연구에 종사해 온 경력 나이career age를 말한다. 경력이 쌓일수록 새로운 아이디어에 기반한 연구가 이루어질 가능성이 상당히 줄어든다는 분석 결과가 나온 것이다.

이 결과는 과학 연구를 오래 하면 할수록 새롭고 혁신적인 가설에 그다지 귀를 기울이지 않는다는 말로 해석될 수 있다. 그렇다고 해서 경험의 중요성을 간과할 수 없고, 젊은 과학자 입장에서는 경험이 풍부한 과학자와의 협업이 중요하다. 실제 분석 결과에서도 젊은 과학자와 경력이 일정 이상 쌓인(그렇지만 경력 나이가 너무 많지 않은) 과학자가 한 팀이 되었을 때 새로운 아이디어를 보다 더 적극적으로 시험해 볼 가능성이 높은 것으로 드러났다. 이 말은 젊은 과학자에게 적절한 멘토십이 중요하다는 의미이기도 하다.

멘토십의 문제는 과학 출판의 '샤페론 효과'에서도 잘 드러난다.[57] 생물학에서 샤페론은 단백질의 구조 형성을 도와주는 단백질을 가리키지만, 원래는 결혼을 하지 않은 여성이 사교 행사에 갈 때 동반한 사람을 의미하는 단어였다. 오늘날에는 젊은 사람을 보살펴 주는 책임감 있는 성인이라는 뜻으로 사용되고 있다. 샤페론 효과는 영향력 있는 학술지에 제1 저자로 논문을 발표한 과학자가 나중에 연구 책임자가 되었을 때 같은 학술지에 논문을 발표할 가능성이 높다는 말이다. 즉 〈네이처〉에 제1 저자로 논문을 발표해 본 경우 나중에 책임 저자로 다시 〈네이처〉에 논문을 낼 가능성이 높다는 뜻이다.

제1 저자나 책임 저자라는 말에 익숙하지 않은 독자를 위해 설명을 조금 보태면 실험 수행 등 여러 면에서 연구에 직접적으로 가장 큰 기여를 하면 제1 저자가 되고 연구비를 수주하고 연구 전체를 총괄하게 되면 책임 저자가 된다. 일반적으로 제1 저자와 책임 저자를 주저자lead author라고 부른다. 이런 구분이 중요해진 이유는 논문이 취직·승진·연구비 수주 등에서 매우 중요한 경력 관리 도구가 되었기 때문이다. 주저자로서 논문을 발표해야 학문적 역량을 인정받는 경우가 많다.

'샤페론 효과'와 같은 특징은 다른 학문 분야보다 의생명과학 분야에서 더욱 두드러지게 나타난다. 그렇기 때문에 젊은 과학자의 경우 실질적으로 연구 역량을 길러 줄 수 있는 연구 멘토를 만나는 것이 매우 중요할 수 있다. 또 다른 연구 결과를 보면 저명한 최고 수준의 과학자와 공동 연구를 하여 논문에 저자로 이름을 올린 젊은 과학자는 그렇지 않은 경우에 비해 나머지 경력 전반에 걸쳐 지속적인 경쟁 우위를 누리고 있음을 보여 주고 있다.[58] 이러한 양상은 과학자로서의 경력을 어떻게 시작해야 하느냐에 대한 고민을 던진다. 하고 싶은 연구와 취업과 승진에 유리한 연구를 두고 일어나는 내적 갈등은 굳이 설명할 필요도 없다.

하지만 나이에 대해서는 늘 조심스럽게 접근할 필요가 있다. 노벨상 수상자를 대상으로 나이와 과학적 창의성의 관계에 대한 최근 연구 결과를 보면 예전과 달리 2000년도 이후에는 대부분 마흔이 훌쩍 지나야 노벨상을 받을 정도의 혁신적인 연구 성과를 내는 것으로 조사되었다.[59] 예전보다 학위와 수련 기간이 길어지고 독립적으로 연구를 진행할 수 있는 여건 확보가 쉽지 않은 점 등을 이유로 들 수 있다. 그렇기 때문에 "서른 살 이전에 과학에 큰 공헌을 못한 사람은 앞으로도 마찬가지일 것입니다"라고 했던 아인슈타인의 말은 오늘날 과학의 현실과는 거의 맞지 않다.

사고의 유연성이나 개방성은 개인마다 큰 차이를 보이기 때문에 이 문제를 단순히 세대 차이나 갈등으로 보는 것은 경계해야 한다. 또한 새로운 아이디어를 적극적으로 수용하지 않는 것을 바람직하지 않다고만 볼 수도 없다. 한 연구에 따르면 연구 책임자가 되고 난 뒤 8년 내에 가장 왕성한 연구 생산성을 보이지만, 상당히 오랜 기간 동안 꾸준히 연구력이 유지되는 과학자도 제법 많다.[60] 좋은 논문을 발표해서 안정적인 직장을 잡으려는 젊은 과학자가 얼마든지 훨씬 더 보수적인 태도를 보일 수도 있다.

여기서 한 가지 질문이 생긴다. 과학자들은 기본적으로 도전적이고 혁신적일까? 2011년 〈네이처〉에 '가지 않는 많은 길'이라는 제목의 짧은 기사가 소개된 바 있다.[61] 로버트 프로스트가 쓴 유명한 시 제목 '가지 않는 길'에서 따온 듯 보이는 기사의 제목이 많은 의미를 내포하고 있어 보인다. 이 기사의 골자는 인간 게놈 프로젝트로 인해 기능을 모르는 유전자가 많이 발굴되었지만 여전히 상당수의 과학자는 그동안 연구해 오던 유전자에만 관심을 기울인다는 것이었다.

최근 연구에서도 이는 재차 확인되었는데. 전체 유전자 중 10퍼센트에만 과학자들이 큰 관심을 기울이고 있을 뿐이었고 심지어 30퍼센트에 해당하는 유전자는 거의 연구조차 되지 않은 상태임이 밝혀졌다.[62] 여기에는 사실 구조적인 문제가 숨어 있다. 새로운 유전자를 연구하고 싶어도 연구 재료와 방법이 마땅치 않다는 현실적인 문제가 있다. 설사 연구를 하더라도 새로운 결과가 쉽게 다른 과학자들에게 수용된다는 보장도 없다. 물론 한번 거머쥔 지적 권위를 쉽게 버리고 새롭게 다른 것을 시작하는 것도 쉽지 않은 일이다. 그렇기 때문에 과학자들은 분명 기대만큼 진취적이거나 모험적이지 않고 늘 하던 것을 더 잘하려는 성향도 강하다.

과학자들이 일반적으로 지식을 대하는 방식은 '진리의 세 단계 The three stages of truth'라고 알려진 풍자에서 잘 드러난다.[63] 이른바 새로운 발견은 우선 조롱거리가 된 다음 격한 반발을 거친 후 겨우 자명한 것으로 수용된다. 즉 과학자는 새로운 것을 발견하면 우선 그 발견이 사실이 아니라고 여긴다. 설사 사실이라고 판명되더라도 그때는 중요하지 않다고 말한다. 그런데 중요함마저 밝혀지면 이제 새로울 것이 없다는 이유로 들어 비판한다. 이렇듯 과학에는 우리 사회의 불합리한 모습이 고스란히 담겨져 있다.

전통을 뒤엎는 데이터

전통적인 가설 기반 연구는 최초의 아이디어로부터 실험으로 확인 가능한 가설을 재구성하는 데에서 출발한다. 이런 연구 방식에서는 앞서 언급한 세렌디피티 등의 같은 개념이 중요하게 취급된다.

따라서 과학에서 '상상력'에 많은 관심을 두는 것은 전혀 어색한 일이 아니다. 지금 상상想像이란 말은 경험한 적 없는 현상을 마음속으로 그려 본다는 뜻으로 통용된다.[64] 하지만 동아시아에서는 오래전《한비자》의 해로편에서 기인한 어원도 있었다. 전국시대 말기에 이미 보기 어려워진 코끼리의 실물을 아는 사람이 드물었는데 이때 코끼리 뼈를 보고 코끼리의 모습을 떠올렸다는 '견골상상見骨想象'의 내용이 등장한다.[65] 즉 이때의 경우 상상이라는 것은 하나의 단편으로부터 전체의 모습을 그려 볼 수 있는 능력이나 단편적 이미지에서 본질에 도달하는 능력이라는 의미를 가진다.

그러나 최근 들어 새로운 연구 방법이 등장하면서 상상력의 중요성이 도전받기 시작했다. 분석 기술이 발전하면서 실험은 가설을 증명하기 위한 도구일 뿐만 아니라 가설을 생성하기 위한 도구로도 활용될 수 있기 때문이다.[66] 인간 게놈 프로젝트human genome project

에서 파생된 다양한 초고속 대량 검색 기술이 등장하자 가설을 도출하기 위한 실험을 기획할 수 있게 되었다. 유전체, 전사체, 단백질체 등 여러 형태의 오믹스 시험 기법들이 이러한 목적으로 널리 사용되고 있다.[67]

이렇듯 초고속 대량 검색 기술을 바탕으로 가설을 생성하여 연구를 진행하는 방식을 데이터 기반 연구 또는 가설 생성 연구라고 부른다.[68] 이런 연구는 전통적인 방식을 통해서는 도저히 생각하기 힘든 아이디어를 제공한다. 달리 말하면 발견의 우연성이 데이터 분석의 영역 내로 들어온다는 말이며, 또한 상상력이나 직관이 계산으로 대체될 수 있음을 보여 주는 것이기도 하다. 특히 기하급수적으로 늘어나는 논문의 수에 비해 아이디어의 수가는 크게 증가하고 있지 않다는 점에서 데이터 기반 연구는 큰 주목을 받고 있다.[69]

데이터 기반 연구의 힘은 'ORAI1'이라는 유전자의 발견 사례에서도 잘 드러난다. ORAI1은 세포 소기관이자 칼슘 저장고인 소포체에 칼슘이 비게 될 때 세포 밖에서 안으로 칼슘을 이동시키는 이온 통로이다. 따라서 이 분자를 발견하게 되면 세포가 어떻게 칼슘 농도를 조절하는가에 대한 매우 중요한 해답을 제공할 수 있게 된다. 하지만 생리학 분야의 많은 과학자들이 ORAI1 유전자를 발견하기 위해 수십 년 동안 노력했지만 번번이 헛다리를 짚거나 실패하고 말았다.

뜻밖에도 이 유전자를 발견한 연구진은 생리학자가 아니라 면역학 전공자였다. 이들은 중증 복합 면역 결핍증의 발병과 관련된 유전자를 찾아내기 위해 유전자 하나하나의 발현을 억제하는 초고속 대량 검색 기술을 도입하여 연구를 진행한 끝에 *ORAI1* 유전자를 찾아낼 수 있었다.[70] 이 사례는 데이터 기반 연구가 새로운 발견에 얼마나 유용한지 잘 보여 준다. 나아가 혁신적인 발견이 한 우물만 판다고 해서 이루어지는 것도 아님을 보여 준다.

이질적이고 비전형적인 아이디어의 뜻밖의 조합이 얼마나 창의적이냐의 문제는 데이터 기반 연구에서도 여실히 드러난다. 서로 연결될 것이라고 상상조차 못했던 두 유전자의 상호 작용이 밝혀지거나 유전자와 질환의 관련성이 데이터 기반 연구를 통해 드러나는 경우가 많다. 데이터 기반 연구는 교차적 아이디어를 제공하는 원천이 되고 있다. 또한 교차적 아이디어의 생산 역시 계산의 범주로 들어갈 수 있음을 보여 준다.

이처럼 데이터 기반 연구가 가설 생성의 도구로 상당히 유용함은 부정할 수 없다. 그렇더라도 초고속 대량 분석 실험을 하는 동기가 무엇인가라는 질문은 여전히 유효하다. 데이터 기반 연구를 하는 동기는 구체적인 문제를 해결하기 위한 것부터 막연한 기대에 기대는 것에 이르기까지 상당히 다양하다. 한 개체의 유전체 서열을 분석하고자 할 때 어떤 가설을 세울 수 있을까? 단지 질문은 '한 개체의 유전체 서열이 어떻게 이루어져 있을까?' 정도일 것이다. 따라서 이러한 연구에서 가설의 의미는 모호해질 수밖에 없다.

하지만 유전자 염기 서열을 반복적으로 분석하면 할수록 더욱 개선된 유전체 모형이 나오는 것은 분명하다. 그렇기에 모형의 중요성 문제가 부각되는 것은 자연스럽다. 실험실에서는 가설과 모형의 의미를 명확히 구분하지 않고 대략 비슷한 의미로 혼용해서 사용하고 있지만 두 용어에 대해 짧게 정리해 보면 다음과 같다.[71]

가설은 반증이 가능한 잠정적 진술이지만, 모형은 확보한 데이터를 바탕으로 귀납적으로 도출된 설명이다. 가설의 성공이 반증에 견뎌내는 것이라면 모형의 성공은 특정 결과를 예측하는 것에 의해 결정된다. 가설은 실험에 앞서 생성되지만 모형은 데이터를 확보한 후에 구축된다. 가설이 반증되면 일반적으로 또 다른 가설을 세워야 하지만, 모형은 예측에 실패하더라도 새로운 모형 확립을 위한 시작점을 제공한다.

모형이 귀납적이라는 데서 베이컨을 다시 소환하게 된다. 베이컨은 《신기관》에서 가설에 의해 전제가 미리 정해지면 그 전제를 충족시키기 위해 추론이 뒤틀어질 것이기 때문에 연역적 추론 자체로는 충분하지 않다고 지적했다. 따라서 순수하게 실험에 근거한 방법이 필요하며 편견의 문제를 해소하기 위해서는 "귀납만이 유일한 희망"이라고 주장했다. 염기 서열을 반복적으로 분석하다 보면 완벽한 귀납적 모형이 만들어질 수 있을까? 그렇다면 데이비드 흄 이래로 이어져 온 귀납적 추론에 대한 비판을 어떻게 재해석할 수 있을지도 흥미로운 대목이다.

물론 가설 기반과 데이터 기반으로 나누는 이분법은 실험실 현장에서 이루어지는 과학 연구의 모습을 지나치게 단순화시키는 면이 있다. 데이터 기반 연구라고 해서 가설이 전혀 개입되지 않는 것도 아니다. 그렇지 않으면 실험 설계 자체가 불가능하기 때문에 아주 구체적이지 않더라도 연구의 방향과 대략적인 목표 등은 정해진 상태에서 초고속 대량 검색 기술을 활용하는 것이 일반적이다. 그럼에도 불구하고 빅데이터와 인공 지능의 시대에서 가설이 도출되는 맥락은 전례 없이 달라질 수 있음은 확실해 보인다.[72] 그렇기에 앞으로도 상당 기간 가설 기반 연구와 데이터 기반 연구는 서로 경쟁하면서도 상호 보완적 역할을 할 것으로 기대된다.

논리와 비논리의 공존

역사적인 연구 성과는 흔히 천재적인 과학자의 번뜩이는 아이디어로 포장되기 일쑤다. 과학자의 직관이나 영감이 과도하게 강조되기도 한다. 과학이라는 틀 속에 논리와 비논리가 묘하게 공존하고 있다는 사실은 상당히 흥미롭다. 하지만 전문성을 갖추지 못하고 연구에 대한 열정과 노력이 없다면 두루뭉술하고 모호한 최초의 아이디어가 명료하고 구체적인 형태의 가설로 절대 발전하지 못한다.

전통적인 연구 방식에서 가설이 생성되는 맥락은 한마디로 정리하기 힘든데, 이는 실험실 교육의 암묵적 특징을 잘 보여 주는 대목이기도 하다. 논문에는 실제 연구 과정을 고스란히 담을 수 있는 여지가 없다. 논문을 통해서는 재구성된 논증과 정제된 사실을 파악할 수 있을 뿐이다. 실제 연구 모습은 보편적 생략을 통해 철저히 감추어져 있다.

그렇기 때문에 실험실 생활은 쉽게 적응하기 어렵고 논문 작성도 무척 고단한 일이 되고 만다. 이런 문제들을 고려하면 왜 과학자 양성이 쉽지 않은 일인지 충분히 이해될 것이다. 대학원에 진학해 실험실에서 일정 시간을 보낸다고 해서 그냥 과학자가 될 수 있는 것은 절대 아니다. 의사나 약사나 교사와 달리 과학자에게는 공인된 자격이 주어지지 않고 그런 자격을 줄 수도 없기 때문에 과학자의 길이 더더욱 막연하고 어려운 것인지도 모른다.

다음의 두 짧은 명언이 과학 현장의 한 단면을 잘 반영하고 있다. DNA의 이중 나선 구조를 밝혀 1962년 노벨 생리의학상을 받은 프랜시스 크릭은 "우연은 진정한 새로움을 만들어 낼 수 있는 유일한 근원입니다"라고 말했으며 프랑스의 생물학자 루이 파스퇴르는 "우연은 준비된 사람에게만 주어집니다"라고 말했다.

새로운 아이디어를 잘 떠올리고 가설을 잘 도출하려면 어떤 노력을 기울여야 할까? 몇 가지 자문해 볼 수 있다. 동기 부여가 확실한가? 호기심을 가지고 있는가? 충분한 열정을 가지고 있는가? 연구에 몰입하고 있는가? 전문 지식을 갖추고 있는가? 최근 지식을 계속 업데이트하고 있는가? 풀고자 하는 문제가 무엇인지 알고 있는가? 지치지 않고 집요하고 끈질기게 물고 늘어질 수 있는가? 무엇보다도 스스로에 대한 믿음이 있는가?

글을 시작할 때 과학 연구의 목적은 세계를 이해하는 것이라고 했지만, 아이러니하게도 아인슈타인은 "이 세계에 관해 영원히 풀리지 않는 것은 세계를 이해한다는 것입니다"라고 했다. 과학자는 '역설의 미학'을 완성해 가는 사람인지도 모른다.

3장

우왕좌왕
실험실 안에서

"당신의 이론이 얼마나 아름다운지는
중요하지 않습니다. 실험과 일치하지 않는다면
그것은 잘못된 것입니다"

리처드 파인먼

무지로부터의 자유

과학은 측정 결과를 바탕으로 자연 현상을 설명하고 이해하는 학문이다. 과학 지식이 쌓일수록 자연 현상은 점점 더 설명의 영역으로 편입되고 그냥 받아들일 수밖에 없는 '있는 그대로의 사실bare fact'은 줄어들게 된다. 즉 과학의 발전에 힘입어 우리는 왜 계절이 바뀌는지, 왜 천둥이 치는지, 왜 사람이 아픈지, 왜 감염병에 걸리는지 상당 부분 설명할 수 있게 되었다. 이에 따라 주술과 마법에 대한 믿음이 더 이상 차지할 공간도 점점 사라져 갔다.

독일의 사회학자 막스 베버가 근대의 특징 중의 하나로 꼽은 '세계의 탈주술화'는 과학의 발전 없이 성립하기 어려운 개념이다. 이는 근대의 서구가 미신과 주술이 만연했던 세계관에서 벗어난 과정을 일컫는다. 하지만 우리는 과학이 우리의 생각과 삶에 얼마나 큰 영향을 주었는지 잘 모른 채 살아간다. 주술적 방식으로 세계를 이해했던 시절의 모습을 떠올려 보자. 그렇다면 과학의 중요성이 새삼 실감 날 것이다.

그림 15 〈아즈텍의 고문서에 나오는 인신 공양 의식〉 이 아즈텍인의 제식 의식은 스페인에 의해 멸망되기 전까지 계속되었다. 이렇듯 참혹했던 역사의 한 장면만 떠올려도 과학적 세계관이 얼마나 중요한지는 따로 설명할 필요가 없어 보인다.

주술적으로 인체를 바라보던 전통은 참혹한 관습으로 전개되기도 했다. 태양신에게 사람의 피와 심장을 제물로 바쳐 세상의 소멸을 막고자 했던 아즈텍인의 의식은 대표적 사례 중의 하나이다 (그림15). 마녀사냥 역시 빼놓을 수 없다. 1487년에 출판된 마녀사냥 안내서《마녀의 망치》로 인해 적어도 10만 명 이상의 여성이 마녀로 지목받아 목숨을 잃었다.[1] 이런 사례만 보더라도 과학을 통해 무지와 미성숙으로부터 자유로워지는 것이 얼마나 중요한 일인지를 충분히 알 수 있다.

또한 실제 항생제나 백신이 결정적으로 바꾸어 놓은 우리의 삶만 떠올려도 과학 지식의 지적 권위는 충분히 이해된다. 과학 지식이 쌓일수록 그만큼 설명할 수 있는 자연 현상의 종류는 늘어나고 인식할 수 있는 실제 세계의 범위는 넓어지게 된다. 더 나아가 세계를 정교하게 조작하고 미래를 예측하는 데에도 탁월해질 수 있다. 그렇기 때문에 많은 사람들이 과학 지식을 정확하고 객관적이고 논리적이며 신뢰할 만하다고 여긴다.

과학이 보여 준 놀라운 성취 비결은 무엇일까? 과학자의 천재성에서 찾아야 할까? 물론 극소수의 천재적인 과학자들이 이룩한 위대한 성과를 부정하기 어렵다.[2] 하지만 미국의 교육학자로 의학교육의 혁신을 이끈 에이브러햄 플렉스너가 강조했듯 천재들의 업적도 수많은 보통 과학자들의 평범한 연구에 기초하고 있는 것이 사실이다.[3] 또한 과학사학자인 스티븐 샤핀이 지적했듯 저명한 과학자가 이룩한 공로는 드러나지 않은 많은 조력자의 노력에 힘입은 바도 크다.[4]

이러한 맥락에서 시스템적 측면, 즉 과학 지식이 생산되는 과정에서 과학의 성취 비결을 찾아보자. 과학 지식은 어떤 과정을 거치면서 지적 권위를 얻고 정확성·객관성·논리성 등이 담보되는 것일까?

본 장에서는 의생명과학 실험실에서 지식이 생산되는 과정, 특히 가설을 확증하는 실험 과정을 집중적으로 살펴봄으로써 과학 연구의 작동 방식을 생생하게 이해하고 과학 지식의 본성을 되짚어 보는 기회를 마련해 보고자 한다.◆

◆　오늘날 의생명과학 분야의 논문을 읽으면 확증 혹은 입증(confirmation), 증명(proof), 검증(verification) 등의 용어가 엄격한 구분 없이 혼용되고 있음을 쉽게 발견할 수 있다.

혼돈 속에서 질서를

과학을 정의하는 핵심 활동으로 흔히 실험을 연상한다. 실험은 근대 과학의 가장 두드러진 특징 중의 하나로서 과학 지식을 생산하는 방법의 정점에 있다고 해도 과언이 아니다. 실험과학의 최초 순교자로 불리는 프랜시스 베이컨은 겨울날 냉동 방법이 닭고기의 부패를 방지할 수 있는지를 실험하다가 폐렴에 걸려 죽음을 맞기까지 했다.[5] 근대 실험 의학의 아버지 클로드 베르나르도 "과학의 출발점은 관찰이고, 종착점은 실험이며, 그 결과로 발견되는 현상들을 합리적 추론으로 인식할 수 있습니다"라는 말로 실험의 의미와 역할을 강조했다.[6]

인류에게 추론은 생존과 번식에 아주 중요한 인지 능력이었다. 고인류가 사냥에 성공하려면 사냥에 관한 가설을 바탕으로 예측을 연역해 내거나 사냥감의 발자국이나 자취 등의 단서에서 귀납적 추론을 해야 되기 때문이다.[7] 이에 더해 인류의 역사는 본질적으로 실험의 역사였다. 인류가 실험적이지 않았다면 과연 불을 피우는 방법을 알아낼 수 있었을까? 실험 정신이 없었다면 야생 동물과 야생 식물을 어떻게 가축으로 길들이고 작물로 재배하려는 시도를 할 수 있었을까? 이렇듯 우리는 다분히 실험적이다.

기원전 1300년경 고대 이집트에서 작성된 《사자의 서》에서도 심장과 깃털의 무게를 저울질하는 모습을 통해 실험과 측정의 흔적을 찾아볼 수 있다.[8] 이집트인은 죽은 자의 영혼이 영생의 신 오시리스 앞에서 생전의 기억을 담고 있는 심장의 무게를 재는 심판을 받아야 한다고 믿었다. 영혼과 지성이 담긴 심장과 정의의 여신 마트의 상징인 깃털을 올려놓은 저울이 기울지 않고 평형을 이루면 죽은 자의 영혼이 내세인 두아트로 갈 수 있다고 생각했다. 만약 심장이 깃털보다 무거우면 사자, 하마, 악어가 합쳐진 모습의 암무트에게 잡아 먹혔다.

체계적으로 수행된 의생명과학 실험의 시작은 고대 그리스 시대까지 거슬러 올라간다.[9] 알크메온, 아리스토텔레스, 프락사고라스 등은 주로 동물의 생체 해부를 통해 장기의 구조를 관찰하고 기능이나 목적을 추정했다. 알렉산드리아 의학을 대표하는 헤로필로스와 에라시스트라토스는 동물 해부뿐만 아니라 사형수를 대상으로 인체 해부 연구까지도 진행했다.[10] 로마 시대의 클라우디오스 갈레노스는 동물 해부에서 유추한 지식을 바탕으로 의학 이론 체계를 세웠다.

하지만 중세 시대에는 실험 과학이 발전하지 못했다. 기독교나 아리스토텔레스주의적 세계관에서는 새로운 발견이나 새로운 지식이 차지할 수 있는 여지가 거의 없었고 신플라톤주의적 관점에서는 감각적 경험은 무시되었고 관념적 지식만 관심을 두었다. 또한 실험적 지식은 인위적인 방식으로 획득하는 지식이었기 때문에 실험을 통해 자연을 이해할 수 있다는 생각은 거대한 도전이기도 했다. 대항해 시대 이후 자석에 대한 지식이 주목을 받게 되고 아메리카 대륙으로부터 새로운 동식물이 유입되자 실험적 지식의 중요성은 새롭게 인식되기 시작했다. 또한 인쇄술의 발전과 출판 문화의 정착은 실험 공동체 형성에 큰 영향을 끼쳤다.

17세기 프란체스코 레디의 자연발생설 실험은 가설을 확인하기 위해 변수를 통제하는 방식으로 수행된 통제 실험controlled experiment 혹은 구성 실험constitutional experiment으로 최초의 근대적 실험 중 하나로 꼽을 수 있다.[12] 그는 고깃덩어리를 병 속에 넣고 그냥 열어 둔 채 놔두거나 뚜껑을 닫거나 뚜껑 대신 천으로 병을 덮은 실험을 통해 파리가 달려들지 못하게 되면 구더기가 생기지 않는다는 사실을 보여 주었다.

오늘날 대부분의 실험은 탈맥락화된 공간이자 과학을 대표하는 상징 공간으로 확고히 자리 잡은 실험실에서 이루어진다.[11] 흔히 말하는 과학 연구의 절차는 대략 이렇다. 우선 불완전한 사전 지식을 바탕으로 가장 그럴듯한 가설을 도출해 낸다. 물론 설명력, 예측력, 유용성 등의 고려 사항도 꼼꼼히 챙긴다. 그런 다음 가설로부터 예측을 연역해 내고 이를 확증할 수 있는 실험을 설계한다. 이어 실험 데이터를 확보한 후 개연성을 바탕으로 가설의 수용 여부를 결정한다.

이와 같이 과학적 방법은 두 단계, 즉 가설 도출과 가설 시험으로 구성된다는 것은 베르나르나 1965년 노벨 생리의학상을 받은 프랑수아 자코브에 의해서도 잘 설명된 바 있다.[12] 연구의 최종 결과물인 발표된 과학 논문들만 분석해 본다면 실험실 연구는 당연히 위와 같이 치밀하게 구성된 연구 과정을 따른다는 결론에 다다를 것이다.

하지만 보기에 따라서는 놀랍게도 실험실 현장에서 실제 이루어지는 연구 과정은 전혀 그렇지 않다. 그다지 질서 정연하지 않을뿐더러 뒤죽박죽과 임기응변으로 점철된다.[13] 앞서 언급했듯이 연구가 마무리될 때까지 가설이 명료화되지 않는 경우도 허다하다. 실험이 가설을 지지하지 않으면 깔끔하게 가설을 포기하는 것이 아니라 보조 가설이나 임시방편적인 미봉 가설을 내세워 원 가설을 되살리기에 여념이 없다. 연구비, 실험 장비, 연구 인력을 고려하면서 가설을 수정하기도 일쑤다. 따라서 논문에 적힌 가설은 엄청난 고민과 갖가지 제반 사항을 타협한 결과물이다.

때로는 심지어 깊이 생각하는 것보다 몸이 먼저 움직이면서 해결책을 찾아내는 경우도 허다하다. 그렇기 때문에 실제 연구 과정을 메타 과학의 이론적 틀에 집어넣는다는 것은 쉬운 일이 아니다. 그렇다고 해서 실험실의 연구 일상을 있는 그대로 묘사하는 것도 말처럼 쉽지 않다. 실험실의 일상이 너무나도 예측 불허이고 뒤죽박죽이라서 실험실 생활을 경험해 보지 않고서는 도대체 무엇을 말하려는 건지 선뜻 이해하기조차 어렵기 때문이다. 혼돈 속에서 질서를 만들어 가는 일이 매력적이기는 하나 적응하기 쉽지 않은 과정이다.

그렇다면 과학 논문은 실제 수행된 과학 연구를 묘사하거나 설명한다기보다 연구 결과를 소통하기 위한 수단으로 보는 것이 합당할 것이다.[14] 즉 논문은 '과학의 수행'이 아니라 '과학의 소통' 문제를 다루고 있다. 논문은 오직 연구 결과를 그럴듯한 방식으로 제시하는 데 충실할 뿐 과학자의 고뇌와 열정 그리고 실수와 실패의 과정은 철저히 제거된다. 그럼에도 불구하고 지식의 순환은 새로운 지식을 창출하는 데 필수적인 역할을 하기 때문에 과학 공동체는 효과적인 과학의 소통 방식을 확립하는 데 노력을 기울일 수밖에 없다.

실험은 전적으로 체계적인 계획과 경험에 의존하는 작업이다. 18세기 전까지 경험을 뜻하는 라틴어 'experientia'와 실험을 뜻하는 라틴어 'experimentum'은 거의 동일한 의미로 사용되었다.[15] 17세기 이후 실험에 의존하는 과학이라는 뜻으로 실험 철학experimental philosophy이라는 말이 널리 사용되면서 경험과 실험의 의미가 확실히 구분되기 시작했다. 우연적으로도 체득할 수 있는 경험과 달리 실험은 인공적이고 의도적인 것으로 특정 질문에 대한 해답을 제시하기 위해 통제된 조건에서 특별한 장치를 이용하여 수행하는 것이라는 의미로 자리 잡았다.

세계관worldview은 많은 요소들이 서로 밀접하게 연결되고 맞물려 있는 믿음의 체계이다. 의미의 구분이 일어나고 새로운 의미가 자리 잡았다는 말은 세계관의 변화를 보여 주는 것이기도 하다. 하지만 흥미롭게도 경험과 실험의 구분은 긴장감을 불러일으키기에 충분해 보인다. 실험적 지식은 일상생활 속의 경험적 상식과 잘 부합하지 않을 때도 많기 때문이다. 해가 뜨고 지는 것만 떠올려도 충분히 이해할 수 있다. 지구가 태양을 돈다는 과학 지식은 일상생활 속에서 접하는 경험적 상식과 잘 부합되지 않는다. 진화도 마찬가지로 좀처럼 상식에 부합하지 않는데, 우리는 일평생 진화의 현장을 포착할 수 없다.

엄격한 실천 과정

과학 지식이 생산되는 과정을 효과적으로 이해하려면 실제 실험실에서 이루어지는 연구 과정을 일일이 추적하기보다 실험 과정을 재구성하고 단계별로 나누어 살펴볼 필요가 있다. 통상적으로 말하는 실험 과정은 크게 세 단계, 즉 실험 설계, 수행, 데이터 분석 및 해석 단계로 나눌 수 있다. 이 단계 중 어느 하나라도 제대로 해내지 못한다면 과학자로서 충분한 역량과 에토스를 갖추었다고 말하기 힘들다.

또한 이 단계들은 일종의 표준을 따르는 과정으로 미국의 사회학자 로버트 머튼이 말했듯 상당히 규범적인 면이 있다.[16] 규범적이라는 말은 결국 어떻게 해야 하느냐에 대한 문제이다. 세 단계의 실험 과정에 정통해야 하는 또 다른 이유로는 국제 의학 학술지 편집인 위원회ICMJE에서 권고하는 저자의 자격 요건에서 찾을 수 있다.[17] 이 자격 요건 중의 하나가 바로 "연구 구상이나 설계에 상당히 기여하거나 데이터를 확보, 분석, 해석해야 한다"는 것이기 때문이다.

과학 논문의 저자로 이름을 올릴 자격을 갖추었다는 말은 '과학적 엄격성'이라는 문제 의식이 내면화되었다는 것을 의미한다. 엄격한 과학을 실천하려면 정합성, 일관성, 재현성 등을 세심하게 고려한 실험 설계, 논리적 오류와 인지적 편향의 위험성에 대한 사전 인지, 연구 절차의 철저한 기록 및 투명성 확보, 그리고 지적 위생 관념과 윤리 의식의 함양 등이 필요하다.[18] 이 역시 실험실에서 마땅히 배우고 익혀야 할 과학자의 태도이자 에토스이다.

실험 과정 각각을 세 단계로 나눠 상세히 살펴보자. 이 과정들은 가설 도출 과정과의 끊임없이 상호 작용 속에서 진행된다. 본 장에서는 크게 다루지는 않지만 각 실험 과정을 수행함에 있어 책임 있고 바람직한 연구를 위해 연구 윤리가 중요하다는 점을 간과해서는 안 된다. 또한 오늘날 대부분의 연구는 동료 과학자와의 협업이 거의 필수라는 점도 염두에 두어야 한다.[19]

무엇을 주장할 것인가

오늘날 가설은 자연 현상을 설명할 수 있는 인과적 기전에 대한 잠정적 진술을 말한다.[20] 따라서 원론적으로 얘기하면 가설이 명료화되어야만 구체적인 실험 설계가 가능해진다. 하지만 실험은 미리 계획된 것이어야 한다는 베이컨의 말은 이상일 뿐으로 애초부터 완벽하게 계획된 실험은 거의 불가능하다. 대개 예비실험을 포함해서 어느 정도 실험이 진행되어야 가설이 명료해지고 실험 설계가 구체화된다. 실험 데이터를 해석하고 새롭게 문헌을 조사함에 따라 가설이 상당히 수정되고 다듬어지기 때문이다.

가설이 도출된다고 해서 바로 실험 설계를 할 수 있는 것은 아니다. 가설은 상당히 해석적이고 추상적인 진술이기 때문이다. 그렇기 때문에 가설에서 실험 설계가 가능한 형태 진술을 이끌어 내는 것이 중요해진다. 달리 말해 가설로부터 시험 명제, 즉 구체적인 실험 조건이 주어지면 어떤 결과가 일어날 것이라는 진술을 이끌어 내야 한다는 뜻이다.[21] 실험 조건을 현실화하지 못해 시험 명제를 끌어낼 수 없다면 무의미한 가설에 지나지 않는다.

시험 명제는 가설로부터 이끌어 낼 수 있는데, 이는 시험 명제가 가설 속에 함축되어 있거나 혹은 가설로부터 연역할 수 있다는 말이다. 예를 들어 '유전자 A는 암 유발 유전자이다'라는 가설을 세웠다면 유전자 A의 활성이 증가되는 조건이 현실화되면 세포의 증식이 촉진될 것이라는 시험 명제를 이끌어 낼 수 있다. 이것만으로 당장 실험에 들어가기는 어렵다. 어떻게 실험 조건을 현실화시킬 것이냐에 대한 고민과 어떻게 세포 증식을 측정할 것이냐의 문제가 남아 있기 때문이다.

우선 실험 조건을 현실화시키는 문제를 생각해 보면 금세 녹록지 않은 일임을 깨달을 수 있다. 실험의 구성 요소와 절차를 확정하려면 전문 지식을 익히고 해당 전문 분야의 패러다임을 꿰뚫고 있으며 숨은 가정 혹은 보조 가설을 파악하고 있어야 하기 때문이다. 어떤 방식으로 유전자 A의 활성을 증가시킬까? 그 방식이 생물학적이나 임상적으로 타당하고 유용할까? 활성이 증가된 것을 어떻게 확인할 수 있을까? 실험 구성 요소에 부차 효과를 일으키는 오염원이 포함되어 있지는 않을까? 혹시 세포가 유전자 A의 활성을 상쇄시키는 생물학적 기전을 지니고 있지 않을까?

이런 몇 가지 질문만 해 봐도 실험을 설계한다는 것이 얼마나 복잡한지 이해가 될 것이다. 또한 시험 명제는 적절한 숨은 가정 혹은 보조 가설과 결합했을 때 의미를 가진다는 점도 실험 설계를 어렵게 만드는 요인이다. 예를 들면 '유전자 A의 활성이 증가되는 조건이 현실화되면 세포의 증식이 촉진된다'는 시험 명제는 세포 배양이 적절히 이루어지고 있다는 숨은 가정을 충족했을 때만 의미를 지닌다. 따라서 이런 문제를 잘 해결할 수 있는 역량을 기르지 않으면 실험 결과를 두고 가설을 기각해야 하는지 아니면 실험 설계를 수정해야 하는지 방향을 제대로 정하지 못하게 된다.

세포 증식은 어떻게 측정할 수 있을까? 이는 일종의 측정 규칙을 제공하는 조작적 정의와 관련되는 문제이다. 세포 증식이라는 개념을 조작적으로 정의하면 단위 시간 동안 증가된 세포의 수 혹은 세포 증식과 관련된 생체 지표의 양으로 표현될 수 있다. 측정 방법의 부정확성 등을 고려하면 적어도 측정 원리가 서로 다른 두 가지 이상의 실험 방법을 동원하고 이를 통해 얻은 실험 결과가 같은 결론으로 이어지는지를 확인하는 것이 중요하다. 단 하나의 결정적 실험과 결정적 증거는 거의 없다고 봐도 무방하다.

가설이 명료화되고 실험 설계가 구체화되었다는 말은 논리적 구조가 잘 드러나도록 일목요연하게 설명 혹은 주장할 수 있는 계획이 마련되었다는 말이다. 또한 실험적 증거들이 적절히 배치되어 일관성 있게 제시되고 이들 사이에서 정합성이 잘 나타난다는 뜻이다. 그뿐만 아니라 통제된 조건에서 자연 현상을 인위적으로 유도했지만 실제 세계에서 벌어지는 사건을 상당 부분 반영했기 때문에 실험적 모형이 생리학적 혹은 임상적 적절성을 갖추었다는 뜻이기도 하다.[22]

최근 들어 실험 설계 단계에서 공동 연구에 대한 계획을 세우는 것도 굉장히 중요한 사안이 되었다.[23] 이제는 국적에 관계 없이 실험실 사이의 공동 연구가 활발하게 일어나기 때문이다. 공동 연구가 필수적인 된 이유는 풀어야 할 문제의 본성과 복잡성의 변화와 실험 장치의 전문화에 따른 다양한 경험의 필요 등을 들 수 있다. 물론 지적 기여도 등을 고려할 때 연구에 참여한 연구자와 논문의 저자가 반드시 일치하는 것은 아니다. 저자가 되려면 지식 생산의 측면에서 단순 기여 이상의 역할을 해야 되기 때문이다.

정리해 보면 실험을 설계했다는 말은 무엇을 주장할지에 대한 논점이 명료해지고 실험 데이터를 어떻게 설득력 있게 제시할지에 대한 구체적인 전략을 마련했음을 뜻한다. 이런 역량을 잘 갖추려면 베이컨이 강조했듯 '추론적 능력'과 '실험적 능력' 사이의 밀접한 동맹이 중요하다.[24] 이런 부분들은 과학 연구에 왜 철학이 필요한지를 보여 주는 대목이기도 하다.[25]

추론의 원리

타당하고 신뢰할 만한 실험을 설계하기 위해서는 먼저 실험실에서 사용하는 두 종류의 추론에 대해 살펴볼 필요가 있다. 하나는 확증 추론이고 다른 하나는 반확증 추론이다. 먼저 확증 추론은 가설에 근거한 예측이 실험적 증거를 통해 옳다고 밝혀지면 그 가설이 옳다고 결론 내리는 것이다. 이는 전제가 결론을 보증하지 못하는 귀납적 추론의 유형이기 때문에 예측이 옳다는 실험적 증거를 아무리 많이 얻어도 틀릴 가능성을 완전히 배제하지 못한다.

일찍이 데이비드 흄은 귀납적 추론의 문제를 지적했다. 버트런드 러셀은 '러셀의 닭'이라는 우화를 통해 귀납의 문제점을 이해하기 쉽게 설명한 바 있다. 농부가 매일 닭에게 모이를 주자 매우 똑똑한 닭이 귀납주의에 따라 농부는 매일 자신에게 모이를 준다는 결론을 내렸는데 바로 다음 날 농부가 와서 모이를 주지 않고 목을 비틀었다는 이야기다. 이렇듯 귀납적 추론은 틀릴 가능성이 존재한다.

그렇기 때문에 가설이 옳다는 증거를 제시하기 위한 설계도 중요하지만 가설이 옳지 않다는 증거를 제시하기 위한 설계도 반드시 염두에 두어야 한다. 가설이 옳지 않음을 증명하는 데 실패했기 때문에 가설이 틀리지 않았다고 말하는 것이다. 일종의 이중 부정의 논리라고 부를 수 있다. 다시 말해 가설을 증명했다는 말의 실상은 최선을 다해 가설이 틀리지 않았음을 보여 주는 것이다. 이는 앞서 소개한 "실험은 우리의 생각이 옳다는 것을 입증하기 위해서가 아니라 생각의 오류를 통제하기 위해 하는 것입니다"라는 베르나르의 실험 정신을 구현하는 것이기도 하다.[26]

사실 반확증 추론은 가설에 근거한 예측이 실험적 증거를 통해 옳지 않다고 밝혀지면 그 가설이 옳지 않다고 결론 내리는 것이다. 이는 전제가 결론을 보증하는 연역적 추론의 일종이기 때문에 확실성을 보장하는 듯 보인다. 하지만 실험 연구의 경우 실상은 그렇지 않다. 왜냐하면 가설에 근거한 예측이 옳지 않는 것은 가설의 문제가 아니라 실험 조건이나 보조 가설의 문제일 수 있기 때문이다. 따라서 가설을 확인하는 작업은 주 가설과 함께 숨은 가정이나 보조 가설과 실험 조건 등까지 모두 포함하여 검증하는 것이다.

이런 면에서 볼 때 가설 확증은 한 무리의 가설 집단을 대상으로 하고 있다고 말할 수 있다. 따라서 예측한 결과를 얻지 못하면 가설을 완전히 기각하는 것이 아니라 가설의 일부분을 수정하는 경우가 흔하다. 문제는 실험적 증거를 너무 소홀히 다루면서 가설에 너무 집착하는 경우이다. 실제 가설을 기각시킬 수 있는 실험적 증거가 아무리 탄탄해도 쉽게 가설을 포기하지 못하는 연구원을 가끔 볼 수 있다. 포기하지 않는 자세는 중요하긴 하지만 인지 편향에 사로잡히지 않도록 늘 조심하는 자세가 더 중요하다.

하나의 관찰 현상을 설명할 수 있는 가설은 여러 가지가 될 수 있다는 점을 놓쳐서는 안 된다. 특히 생명 현상은 늘 여러 경로를 통해 발현된다는 점을 명심해야 한다. 그렇기 때문에 제안한 가설 이외의 다른 대안 가설 혹은 경쟁 가설들을 최대한 배제하여 제안한 가설이 옳다는 것을 증명하는 것이 중요하다. 이는 전문 지식을 제대로 갖추고 있지 않으면 실험을 제대로 설계할 수 없다는 것을 뜻한다. 논리적 사고는 단지 가설 도출과 실험 설계의 기본 틀을 갖추는 데 도움을 줄 뿐이기 때문에 전문 지식의 함양은 아무리 강조해도 부족하지 않다.

최적화와 타당성

분석 방법 선택 역시 전문성과 직결된 매우 중요한 문제로 연구 공동체의 패러다임에 상당 부분 의존한다. 인과 관계를 규명하려면 통제 실험을 해야 한다. 통제 실험은 실험군과 대조군 사위에는 가능한 적은 수의 차이만 있어야 한다는 존 스튜어트 밀의 이상을 따르는 것이기도 하다. 하지만 완벽한 변수 통제란 거의 불가능하기 때문에 입증 강도를 높일 수 있는 추가적인 실험 계획도 늘 같이 고민해야 한다.

분석 방법의 선택과 변수 통제의 문제에 더해서 실험 조건의 확립과 실험 재료, 시약, 기구, 장비 운용에 대한 계획도 놓쳐서는 안된다. 이런 문제가 말처럼 쉽지 않기 때문에 실험실에서는 실험 조건의 최적화와 분석 방법의 타당성 확인에 대한 고민과 토의가 끊이지 않는다.[27] 분석법의 최적화와 타당성 확인은 실험 결과의 반복성이나 재현성 향상에도 매우 중요한 요소이기 때문이다. 세미나와 같은 공식적인 자리에서도 실험 조건이나 분석 방법의 타당성에 대한 질문을 자주 접할 수 있다.

분석 방법의 최적화와 타당성 확인에 대해 짧게 설명하면 다음과 같다. 최적화는 신호 대 잡음비signal to noise ratio가 뛰어난 결과, 즉 최적의 결과를 얻기 위해 시약이나 절차적 조건을 확립하는 과정을 말한다. 반면 타당성 확인은 채택한 분석법이 의도한 목적에 적합한지 확인하는 과정으로 흔히 특이성, 민감성, 정확성, 정밀성 등의 측면에서 수행력을 평가하는 것을 말한다.[28] 이 용어들을 간단히 설명하면 다음과 같다.

- 특이성: 시료 내에 유사한 물질이 공존할 때, 분석 대상을 구별하고 이를 정량화할 수 있는 능력을 말한다. 실험 설계에서 음성 대조군은 흔히 분석법의 특이성을 보여 주기 위해 사용된다.
- 민감성: 분석 대상이 얼마나 미량으로 존재해도 측정할 수 있는지를 말한다. 실험 설계에서 양성 대조군은 흔히 분석법의 민감성을 보여 주기 위해 사용된다.
- 정확성: 분석법을 통해 얻은 분석 대상에 관한 측정값이 참값에 얼마나 근접해 있느냐를 말한다.
- 정밀성: 시료를 반복 분석했을 때 참값에 근접한 정도와는 관계없이 각 측정값들 사이의 근접한 정도를 말한다.

오늘날 과학계에서 '재현성의 위기'라는 문제의식이 종종 표출되고 있기는 하지만 이를 극복하는 것은 쉽지 않다. 무엇보다도 여전히 실험실은 표준화보다 최적화에 더 큰 노력을 기울이고 있는 이유가 크다. 따라서 '세테리스 파리부스ceteris paribus' 즉 '다른 모든 조건의 변함이 없다면' 혹은 '다른 모든 조건이 동일하다면'이라는 단서의 문제가 늘 따라다닐 수밖에 없기 때문에 재현성의 여부를 명쾌하게 판결하기 쉽지 않다. 모든 조건을 완벽하게 일치하도록 실험을 통제하는 것은 직관적으로 봐도 거의 불가능하다.

1657년 피렌체에서 갈릴레오 갈릴레이의 제자들이 아카데미아 델 치멘토라는 학술 모임을 설립했을 때 그 모토는 '시험하고 또 시험하라'였다. 그만큼 재현성은 신뢰할 만한 지식의 표상이었다. 연구 결과의 재현은 새롭고 믿기 어려운 사실을 평범하고 신뢰할 만한 사실로 바꾸는 가장 간단하면서 확실한 방식이기 때문이다. 경제 협력 개발기구OECD에서 발간되는 연구 개발 통계 조사의 표준 지침서인 '프라스카티 매뉴얼'에서도 연구 개발 활동의 특징 중의 하나로 이전 가능성 또는 재현 가능성을 꼽고 있다.

실험 조건을 잘 잡으려면 다른 연구자의 논문을 비판적으로 읽는 훈련이 중요하다.[29] 비판적 검토가 익숙해져야 시행착오를 줄이면서 최대한 빠른 시간 내에 실험 설계의 완성도를 높일 수 있기 때문이다. 특히 의생명과학 실험은 대부분 탐침probe에 대한 반응을 측정하는 간접적인 분석 방법을 채택하고 있기 때문에 실험이 가지는 내재적 한계가 있다. 어떤 실험도 위양성이나 위음성 결과가 나올 가능성이 다분히 존재한다. 따라서 실험 원리를 제대로 숙지하고 있어야만 데이터 해석과 결론 도출 과정에서 발생할 수 있는 문제를 염두에 두고 실험을 설계할 수 있다.

통계학자 조지 박스의 "모든 모델은 근사치입니다. 기본적으로 모든 모델은 다 틀렸지만 일부는 유용할 수 있습니다. 그러나 모델의 대략적인 특성은 항상 염두에 두어야 합니다"라는 말은 여러 시사점을 제공한다. 실험실에서 이루어지는 연구는 재구성된 자연과 인위적으로 유도한 현상에 기대고 있다. 따라서 늘 얼마나 이러한 모델이 실제 세계를 적절히 반영하고 유용할 수 있는지에 대해 고민을 하게 된다. 실험 모델을 구성하는 요소와 변수 통제 등의 조건이 적절하고 유용해야 한다는 말이기도 하다.

성공적인 수행을 위하여

실험 과정 중 두 번째 단계인 실험의 수행은 과학자의 길을 처음 모색하는 학생들이 가장 큰 관심을 두는 단계이다. 키트화된 분석 제품이 늘면서 외과적 처치가 필요한 일부 동물 실험을 제외하면 상당수의 실험에서 특별한 솜씨나 손재주의 필요성이 크게 줄어들고 있다.[30] 그렇기 때문에 솜씨가 없다는 말은 오히려 실험에 대한 이론적 토대가 부족하거나 실험을 수행할 때 집중력이 부족하다는 말로 통용된다.

성공적인 실험 수행을 위해 정작 중요한 핵심 요소는 따로 있는데, 실험 목적의 이해, 실험 프로토콜의 숙지, 재료 및 장비의 사전 점검 등 실험에 임하는 태도와 자세를 들 수 있다. 물론 솜씨가 좋으면 깨끗하고 깔끔한 실험 데이터를 효율적으로 확보할 수 있는 것은 부정할 수 없다. 하지만 이 부분은 열심히 노력하면 얼마든지 개선될 수 있다. 실험에 들어가기 전에 머릿속으로 전체 실험 과정을 시뮬레이션 해 보는 것은 성공적인 실험과 양질의 데이터 확보에 큰 도움이 된다.

실험을 잘 수행하려면 암묵적 지식의 활용이 상당히 중요하다. 왜냐하면 실험 방법은 몸으로 익혀야 하기 때문이다. 하지만 더욱 중요한 점은 실험 절차 속에 '숨은 가정'과 '함축된 전제'가 아주 많이 산재해 있다는 점을 인식하는 것이다. 이런 가정이나 전제는 실험 결과에 큰 영향을 줄 수 있지만, 대부분의 실험 매뉴얼 혹은 프로토콜에 명시적으로 적혀 있지 않거나 제대로 설명되지 않는다.

예를 들면 약물을 처리treatment하기 위해 섭씨 37도 배양기에서 동물 세포가 담긴 배양 접시를 꺼내어 상온(섭씨 25도)의 무균대로 옮기게 되면 온도의 연속성이 깨질 수밖에 없다. 그렇더라도 연구자들은 실험 조건이 일정하게 유지되고 있다는 가정을 한다. 하지만 얼마나 신속하게 약물을 처리하느냐에 따라 온도의 불연속성 정도는 달라질 수밖에 없다. 더군다나 동물 세포는 중탄산염 완충액을 이용하여 pH를 유지하기 때문에 세포 배양은 주로 이산화탄소CO_2 배양기에서 이루어진다. 따라서 동물 세포 배양 접시를 실내에 오래 놓아 두면 CO_2가 날아가면서 pH가 알칼리화되는 상황도 벌어지게 되고 이로 인해 온도뿐만 아니라 pH도 불연속적인 상황이 벌어진다.

만약 온도나 pH 조건이 연속된다는 숨은 가정하에 실험이 진행된다는 사실을 인식하지 못한다면 실험 조건을 제대로 통제하지 못하게 된다. 그렇기 때문에 실험 수행 능력에는 실험 조건을 얼마나 일정하게 유지할 수 있는지와 불연속성을 얼마나 최소화할 수 있는지 등도 포함된다. 즉 실험을 잘 하려면 상당히 꼼꼼하게 단계별로 어떤 가정이나 전제들이 숨겨져 있거나 함축되어 있는지 제대로 파악해서 실험 조건을 잘 통제할 수 있어야 한다.

이는 실험의 원리에 대한 이해도가 높아야만 해결되며, 실험을 수행하는 단계에서도 내가 현재 무엇을 하고 있는지에 대한 메타인지가 상당히 중요함을 말해 준다. 또한 동일한 실험 프로토콜을 사용해도 누가 실험하느냐에 따라 실험 결과가 다를 수 있는 중요한 이유 중의 하나가 된다.

이 문제는 출발선의 차이를 만들어 낼 수 있다는 점에서 상당히 유념해야 한다. 그렇지 않으면 의도하지 않게 실험의 시작 단계에서부터 이미 편향이나 왜곡이 일어날 수 있기 때문이다. 과학자는 실험 설계에서 수행 단계에 이르기까지 생각할 수 있는 모든 교란 요인을 제거하기 위해 노력하는데, 실험 과정 속에 숨겨져 있는 가정들을 잘 파악하지 못한다면 자신도 모르는 사이 제거해야 할 교란 요인을 애써 집어넣어 가면서 실험을 하게 되는 우스꽝스러운 상황이 만들어지고 만다.

실험실 구성원 혹은 연구원 사이의 업무적 소통과 인간관계는 실험 수행 단계에서 상당히 중요한 역할을 한다. 왜냐하면 그 어떤 실험실도 값비싼 실험 장비를 완벽하게 갖추기 어려운 상황에서 흔히 공용 장비를 사용하게 되는데 이때 원활하게 실험을 진행시키기 위해서는 소통과 배려의 미덕이 상당히 중요해진다. 한 실험실 내에서도 장비 사용으로 인해 갈등이 생기는 경우도 종종 볼 수 있다는 점도 간과해서는 안 된다. 특히 거의 대부분의 실험은 도제식으로 배우기 때문에 원만한 인간관계는 연구력에 크게 영향을 주는 요소가 된다.

데이터를 분석하라

실험 데이터를 확보하면 여러 가지 분석 작업에 들어가게 된다. 이 단계는 최종적으로 논문을 발표할 때 어떻게 데이터를 제시할 것인가의 문제와도 직결된다. 항상 측정값은 참값에 더해 노이즈noise가 포함되어 있기 때문에 노이즈를 제거하는 것이 중요하다. 대조군과 실험군을 나누는 것은 변수를 통제함과 동시에 노이즈를 효과적으로 제거하기 위해서도 매우 중요하다. 또한 서로 다른 실험군을 비교를 하려면 측정값을 기준값으로 보정해 주어야 한다.

　　본 글에서 자세히 다루기에 너무나 큰 주제이지만 데이터가 통계적으로 유의함을 보여주는 데 소홀해서는 안 된다.[31] 최근 들어

통계 분석에 대한 논쟁이 증가하면서 이에 대한 권고안과 편집 정책을 제시하는 학술지가 점점 늘어나고 있는 추세이다.[32]

수치 데이터와 달리 이미지나 동영상 같은 비정형 데이터인 경우 정량 분석이 용이하지 않다. 하지만 요즘은 보통 분석 프로그램을 활용하여 수치화하는 작업을 거친다. 즉 정성적 실험 방법을 사용하더라도 주로 전산학적 분석을 통해 정량적 데이터를 확보하는 것이다. 이는 전형적인 이미지를 선별하기 때문에 생겨나는 신뢰성의 문제를 해소하는 방법이기도 하다. 이럴 경우 분석 프로그램의 원리와 한계를 잘 숙지하고 있어야 위양성이나 위음성과 같은 오류가 발생하는 것을 차단하고 연구자의 주관적 견해나 편향을 잘 배제할 수 있다.

실험 방법의 발전에 따라 데이터의 생산량이 급격히 증가하면서 데이터를 효과적으로 시각화하는 문제에 대한 고민이 커졌다. 오늘날 대부분의 논문에서 찾아볼 수 있는 그래프는 19세기의 발명품이다.[33] 사실 20세기 초까지도 그림이 실리지 않은 논문이 많았다. 오늘날 논문에서 제시되는 그래프는 독립 변수(원인)와 종속 변수(결과)는 물론이고 측정값과 오차 및 실험군 사이의 통계적 유의성 등 상당히 많은 정보를 담고 있다. 그러다 보니 데이터를 시각화하는 단계에서 데이터 처리의 정확성과 투명성 등의 문제가 발생하고 있다.[34]

대체로 데이터 해석은 선행 지식에 의존하기 때문에 꾸준히 새로운 지식을 업데이트하는 것이 중요하다. 특히 이런 노력이 중요한 이유는 대체로 하나의 실험 데이터에서 도출될 수 있는 결론은 여러 가지가 되기 때문이다.[35] 지식이 축적됨에 따라 도출될 수 있는 결론이 더 늘어날 수 있다. 그렇기 때문에 단 하나의 '결정적 실험'으로 최종 결론을 내리기는 불가능하다.

실험적 증거나 자료가 제시되더라도 가설이나 이론의 옳고 그름을 판단하고 결정하기 힘들다면 '자료에 의한 이론 미결정성'의 문제를 늘 고민할 수밖에 없다. 따라서 한 무리로 경험의 법정에 출두해야 된다는 피에르 뒤앙과 윌러드 콰인의 생각은 눈여겨볼 만하다. 물론 실험적 증거를 통해서는 그 어떤 것도 알 수 없다는 생각은 적어도 과학자라면 절대 경계해야 한다.

예를 들면 항암제 후보 물질 A를 암세포에 처리하여 효능을 확인하는 실험을 떠올려 보자. 항암제 후보 물질 A를 처리하지 않은 대조군에 비해 처리한 실험군에서 세포의 수가 적다고 해서 섣불리 항암제 후보 물질이 암세포를 죽였다고 결론을 내려서는 안 된다. 왜냐하면 세포를 효과적으로 죽인 것이 아니라 세포 분열을 멈추도록 만들었기 때문에 세포의 수가 적은 것처럼 보일 수도 있기 때문이다. 따라서 이 두 해석 중 하나를 제거할 수 있는 후속 실험을 진행해야만 최종 결론을 내릴 수 있다.

또 다른 사례를 들어 보면 다음과 같다.[36] 약물 A를 처리한 세포에서 세포 사멸의 생체 지표인 카스파제 효소의 활성이 나타났다고 하자. 이는 손상된 세포가 스스로 자살로서 사멸하면서 우리 몸 전체의 건강을 유지하는 메커니즘이 돌아가고 있는지 확인해 주는 효소다. 그렇다면 이 경우 약물 A가 세포 사멸을 유도한다고 결론을 내리는 것은 이상하지 않다. 그런데 문제는 카스파제가 세포 사멸의 생체 지표라는 전제는 100퍼센트 참이 아니라는 데 있다. 실제 세포 사멸이 일어나지 않더라도 카스파제 활성이 나타날 수 있고 카스파제 활성이 나타나지 않고서도 세포 사멸이 일어날 수 있기 때문이다. 그렇기 때문에 결론의 신뢰도를 높이기 위해서는 측정 원리가 다른 세포 사멸 분석 실험을 진행하여 불확실성을 줄여야 한다.

이런 사례를 종합해 보면 측정 원리가 다른 여러 종류의 실험 방법으로 최대한 많은 데이터를 얻어서 공통적으로 지지하는 결론이 무엇인지를 판가름하는 일이 얼마나 중요한지 분명해진다. 또는 대안 가설 혹은 경쟁 가설을 배제할 수 있는 후속 실험을 진행하여 해석적 유연성을 제한하고 최종 결론을 내리는 것이 중요하다.

앞서 언급했듯이 루돌프 카르나프는 '총체적 증거의 원리'를 제안한 바 있다. 칼 헴펠 또한 가설의 확증은 긍정적 증거의 양뿐만 아니라 수집된 증거의 다양성에도 크게 의존한다고 지적했다.[37] 다양한 증거가 축적될수록 신뢰도와 입증 강도도 증가한다. 따라서 최대한 여러 종류의 다양한 실험을 통해 양질의 증거를 확보하려는 자세와 마음가짐이 연구자에게 매우 중요하다.

한 가지 강조할 것은 실험 데이터에 의해 가설이나 이론이 쉽게 결정되지 않는다 하더라도 과학이 온전히 사회적으로 구성된다는 극단적 생각은 배척해야 한다. 과학은 관찰이나 실험을 통해 획득한 증거에 전적으로 의존한다. 양질의 증거를 바탕으로 교란 요인을 최대한 배제하고 대안 가설 혹은 경쟁 가설을 최대한 제거시키기 위해 노력한다. 최선의 설명을 제공하기 위해 노력하기 때문에 다소 미흡하지만 진단 방법이나 신약 개발도 가능한 것이다. 과학이 사회 문화적 맥락과 전혀 무관하다고 생각하는 것도 잘못이지만 과학 연구의 엄밀성이나 합리성을 지나치게 배척하는 것은 더큰 잘못이다.

선행 지식을 파악하는 문제의 중요성은 세포 실험과 동물 실험 결과를 서로 비교하고 나아가 임상 데이터와 비교해야 하는 상황에서 더욱 부각된다. 세포, 동물, 임상 수준의 실험이나 시험에서 확보한 데이터는 서로 직접 비교하기 어렵다. 그렇기 때문에 각각의 데이터에서 얻은 결론들을 두고 전문가들이 수용할 수 있는 범위 혹은 패러다임 내에서 여러 정황과 개연성을 따지면서 최종 결론을 도출하게 된다. 이때 선행 지식을 동원하여 비교의 타당성과 의미를 설득력 있게 제시하는 것이 중요하다.

틀릴 수 있다는 가능성

가설에 대한 확신에 사로잡힌 채 데이터를 분석·해석하는 것은 매우 경계해야 한다. 아인슈타인은 "아무리 많은 실험도 내가 옳다는 것을 증명할 수 없습니다. 단 한 번의 실험도 내가 틀렸다는 것을 증명할 수 있습니다"라고 말했다. 1960년 노벨 생리의학상을 수상한 피터 메다와는《젊은 과학자에게》에서 "가설에 대한 확신의 강도는 그 가설의 진실성에 어떤 영향도 주지 못합니다"라고 말한 바 있는데, 과학자라면 이 말의 의미를 늘 가슴에 품고 살아야 한다. 달리 말해 가설을 지지한다는 말은 가설을 반증하는 데 실패하는 것임을 늘 인식하고 있어야 한다.

반증 가능성은 어떤 과학적 사실이나 이론이 틀릴 수 있다는 가능성을 인정하는 태도이다. 이를 인식하는 것이 중요하다. 하지만 비판적 태도가 중요하다고 해서 모든 이론이나 학설을 부정하고 원점에서 재검토하려는 것도 생산적이지 않다. 반증에 성공한 듯 보여도 잘못된 예측이나 증거에 기반을 두었을 가능성이 크기 때문이다. 그렇기 때문에 어느 정도 확실한 증거가 제시되어야 반증이 되었다고 주장할 수 있을지 알기 어렵다. 어쩌면 명확한 답을 찾기 어렵다는 점이 힘들고 난해하지만 과학을 흥미진진하게 만들고 있는지도 모른다.

과학자는 여러 형태의 편향을 늘 주의해야 한다. 특히 확증 편향confirmation bias, 순응 편향conformist bias, 명성 편향prestige bias에 빠지지 않도록 해야 한다. 확증 편향은 내가 틀릴 리가 없다는 선입견이 강할 때 흔히 나타난다. 자신의 믿음을 지지하는 증거만을 선택적으로 취합하는 위험성이 있다. 순응 편향은 빈도 의존성 편향으로 다수의 입장과 반응을 대체로 옳다고 받아들이는 것이다. 마지막으로 명성 편향은 주장한 사람이 누구인지에 크게 좌우되는 편향이다.

"오류는 우리 지식의 잘못이 아니라 그것을 승인하는 우리의 판단 실수입니다"라는 존 로크의 말은 오늘날에도 유효하다. 특히 앞에서도 언급했지만 실험에 기반을 두는 확증 추론이나 반확증 추론 모두 명확성을 담보하기 어렵다는 점에서 더욱 그러하다. 일찍이 17세기 영국에서 새로운 과학 연구를 옹호했던 성직자, 토머스 스프랫은 "진정한 철학은 무엇보다도 먼저 특정한 것에 대한 꼼꼼하고 철저한 조사 위에서 시작되어야 합니다"라고 말한 바 있는데, 꼼꼼하고 철저하게 따지는 자세야말로 과학자의 핵심 덕목 중의 하나임에 틀림없다.

지금까지 세 단계의 실험 과정을 간략하게 살펴보았다. 하지만 이것만으로 오늘날 실험실 연구의 실상을 이해하기에는 부족한 점이 많다. 20세기 중반 이후부터 본격적으로 일어난 연구 방식의 급격한 변화인 실험 키트의 상용화, 실험 및 데이터 분석의 외주화, 공동 연구의 활성화와 연구의 분업화 현상을 이해할 필요가 있다. 이러한 현상으로 인해 가능한 선에서 최대한 많이 발견하는 것은 물론이고 무엇보다도 최대한 빨리 발견하는 것을 중요하게 여기게 되었다. 사회학자 랜들 콜린스가 천명한 '신속한 발견 과학'이라는 말이 적절한 듯 보인다.[38]

서구에서 16~17세기 동안 세계관의 대전환으로 인해 근대 과학이 등장한 것 혹은 과학이 발명된 것을 '1차 과학 혁명'이라 부르고 19세기 이후 과학의 제도화institutionalization 및 전문화professionalization와 실험실의 장치화instrumentalization로 인해 과학의 지적 및 사회적 구조가 크게 바뀐 것을 '2차 과학 혁명'이라고 부른다면 20세기 중반 이후 연구 방식의 변화로 인해 연구 생산성이 급격히 증가되고 지식 생산의 효율성이 크게 향상된 것을 두고 '3차 과학 혁명'이라고 불러도 크게 어색하지 않을 듯하다.

냉장고 안의 키트 상자

의생명과학 실험실을 방문해서 선반이나 벽장을 본다면 아니면 냉장고나 냉동고를 살펴본다면 시약이 담겨 있는 여러 가지 크기와 유형의 상자들이 눈에 띌 것이다. 대부분 실험 키트가 담긴 상자들이다. 오늘날 상당수의 분자생물학 혹은 생화학 실험은 시약 회사에서 판매하는 키트 형태의 제품에 의존하고 있다. 본격적으로 실험을 시작하기 전에 시약 하나하나를 따로 구매해서 정성스럽게 반응 용액을 만드는 준비 과정이 거의 필요 없게 된 것이다.

흔히 말하는 실험 키트는 별다른 수고 없이 거의 바로 사용할 수 있는 시약과 실험 지침서로 구성된 제품을 가리킨다. 쉽고 간편하게 사용할 수 있고 예상되는 문제에 대한 대비책마저도 미리 제공되기 때문에 신뢰할 만하고 재현성이 높은 데이터를 확보하는 데 큰 도움이 된다. 또한 실험의 원리를 충분히 숙지하지 않아도, 실험 시약과 용매를 따로따로 각각 준비하지 않아도, 실험 조건을 확립하고 최적화시키는 노력을 기울이지 않아도 실험 데이터를 얻을 수 있다는 점이 키트를 매력적인 연구 상품으로 만들고 있다. 무엇보다 시간을 절감하여 연구력 혹은 연구 생산성 향상에 크게 기여할 수 있다.

키트가 등장하지 않았더라면 오늘날처럼 연구 생산성이 크게 향상될 수 있었을까? 중합 효소 연쇄 반응PCR만 떠올려 보더라도 키트의 유용성을 금방 알아챌 수 있다. 중합 효소를 정제하는 조건을 확립하고 품질을 관리하며 효소 반응을 최적화하기 위해 들어가는 노력이야말로 어마어마할 것이다. 그런데 PCR 키트는 과학자가 감당해야 할 굉장히 많은 수고를 한방에 해결해 주었다. 이는 노력과 시간의 문제에 더해 재정적인 측면에서도 실험실에 큰 도움을 준다. 식재료를 모두 사서 모든 반찬을 직접 조리해서 먹는 것과 반찬가게에서 필요한 만큼 만찬을 사서 그때그때 먹는 상황과 유사하다.

대략 1980년쯤 키트 상품이 처음 출시되었을 때 과학계는 키트를 반기기보다 우려를 표시했다.[39] 이러한 우려는 키트 상품의 비싼 가격을 둘러싼 경제적 이유만은 아니었다. 키트의 사용이 실험실 교육의 질을 떨어뜨린다는 비판이 우세했다. 실험 원리를 제대로 숙지하지 않은 채 사용 지침서에 따라 마치 로봇처럼 반복적 작업을 할 위험성도 커 보였다. 실험의 원리를 모른다면 데이터를 제대로 해석할 수 없는 데다 키트에 익숙해지게 되면 키트가 제공되지 않는 실험을 과연 해낼 수 있는 역량이 길러질까에 대한 걱정이 많았던 것이 사실이다.

　　이러한 우려가 완전히 불식된 것은 아니지만 이제는 키트를 사용하지 않고 실험 재료와 시약을 직접 만들면서 실험을 한다는 것은 거의 불가능한 상황에 이르렀다. 키트로 인해 결과적으로 실험 방법이 표준화되는 긍정적인 면도 크다. 또한 논문에 실험 방법을 자세히 기술할 필요 없이 키트 제품 이름과 생산 회사만 기록하는 것으로도 충분해졌다.[40] 키트가 과학을 망친다는 순수주의자의 주장은 다소 공허해졌으며 오히려 과학의 발전을 가속화시킨다는 실용적 관점이 우세하게 되었다.

　　애초의 우려와는 달리 키트가 연구의 방향이나 본질적 속성을 바꾸어 놓지는 않았다. 키트가 과학자의 역량을 담보해 주거나 과학자의 소양을 만들어 낼 수 있는 것 또한 절대 아니다. 다만 촉매처럼 반응 속도를 향상시켜 줄 뿐이다. 키트를 다루는 것과 사고 능력을 기르고 쌓는 것과는 큰 차이가 있기 때문이다.

실험의 외주화

1980년 이후 과학 연구는 점점 더 복잡하고 정교한 실험 장비와 기기에 의존하는 방향으로 진화했다.[41] 실험실의 장치화에 대한 수요와 기술이 과학화되는 상황이 잘 맞아 떨어지자 실험 장비와 기기의 발전은 급격한 속도로 일어났다. 그러다 보니 개별 과학자가 새롭게 출시된 고가의 장비와 기기를 구입하고 유지 보수하는 데 드는 재정적 부담을 감당하기 힘든 상황이 벌어졌다. 또한 연구 장비와 기기의 사용 방법을 충분히 숙지하는 것도 현실적으로 쉽지 않게 되고 말았다. 그렇다고 해서 사사건건 공동 연구 방식을 할 수도 없는 노릇이었다.

그렇다면 연구 장비와 기기가 연구 경쟁력을 결정하는 핵심 요소로 자리 잡은 상황에서 이러한 문제를 어떻게 해결할 수 있을까? 인간 게놈 프로젝트 이후 본격적으로 등장한 핵심 연구 지원 시설 core facility이 이런 문제를 해결할 수 있는 구원 투수로 급부상했다. 일반적으로 핵심 연구 지원 시설은 특정 실험실에 속하지 않은 독립된 시설로 고가의 첨단 장비와 기기를 갖추고 이를 다룰 수 있는 전문 인력을 배치하여 연구 활동을 지원할 수 있는 기능을 가지면서 사용 수수료와 기관 자금으로 운영되는 조직을 가리킨다.

핵심 연구 지원 시설은 1980년대 말 주로 DNA 염기 서열 분석을 대행하는 데서 시작하여 점점 더 활용 가능한 장비와 기술 및 데이터 분석의 범위를 늘리고 있다.[42] 이를테면 질량 분석기, 전자 현미경, 고해상도 형광 현미경, 유세포 분석기 등의 장비나 기기 사용, 유전자 조작 생쥐 제작, 생물 정보학적 분석이나 통계 분석 등을 포함한다. 따라서 핵심 연구 지원 시설은 의생명과학 분야의 연구 경쟁력 확보와 혁신적 발전에 선택이 아닌 필수가 되어 가고 있다.[43] 한국의 경우도 정부 차원에서 '국가 연구 시설·장비의 운영·활용 고도화 계획'을 수립하고 있다.

오늘날 과학 선진국에서 핵심 연구 지원 시설은 단순히 의뢰받은 샘플로 실험을 대행하여 데이터만 제공하는 데 그치지 않는다. 실험이나 데이터의 분석과 해석 등과 관련된 토의나 자문뿐만 아니라 연구 프로젝트의 기획에서 장비와 기기 사용 교육 그리고 논문 게재 작업에 이르기까지 과학자에게 전방위적인 도움을 주고 있다. 우리나라 상황은 조금 다르지만 이제 핵심 연구 지원 시설은 우수한 학술지에 논문을 발표하는 데 중요한 조력자로서 일정 이상의 역할을 하고 있다. 선뜻 이해하기 힘들 수도 있지만 실험과 분석의 외주화가 소위 말하는 연구력 혹은 연구 경쟁력에 핵심 요소로 자리 잡은 것이다.

선도적인 연구 기관으로 부상하기 위해서는 핵심 연구 지원 시설에 투자되는 재원의 확보, 인력 운용의 전문성 강화, 핵심 연구 지원 시설 사이의 네트워킹 등 혁신을 거듭해야 하는 숙제를 안고 있다.[44] 무엇보다도 지속 가능한 발전을 위해서는 핵심 연구 지원 시설에 소속된 과학자나 연구원의 직업 안정성과 동기 부여가 매우 주요한 과제이다. 이를테면 저자 자격을 인정해 주는 제도나 연구 지원을 강화할 수 있는 자체 연구 프로그램 마련 등이 동기 부여의 도구가 될 수 있다. 하지만 여기에는 저자권authorship과 기여자권contributorship의 경계가 불분명하다는 문제가 내포되어 있다.[45]

핵심 연구 지원 시설과 같은 연구 생태계 조성이 연구 경쟁력 확보와 생산성 향상에 매우 중요하다는 것은 틀림없는 사실이지만 전통적인 연구 방식에서 벗어나 있다는 점에서 다소 혼란스럽다는 점도 부정할 수 없다. 왜냐하면 학위 논문은 여전히 단독 저자의 형태로 작성되어야 하는데 핵심 연구 지원 시설 이용이나 공동 연구 등의 방식으로 연구 데이터를 획득하는 경우가 급격히 늘어났기 때문이다. 모든 실험과 데이터 분석을 외주로 해결할 수 있다면 학위 논문 작성과 학위 수여는 어떤 의미를 가지는 것일까?

3차 과학 혁명이라고 불러도 좋을 이 전환의 시대에 학위 논문에 대한 여러 논쟁은 당분간 계속될 것으로 전망된다. 더군다나 논문 작성의 경우에도 외부 회사에 의뢰하여 단순한 교정 서비스를 받는 수준을 넘어 전문적인 작가의 도움에 의존하는 경우도 점점 더 확산되고 있다.[46] 1963년 이미 미국의 외과 의사 토스 맥베이는 전문적인 작가가 연구진에 포함되어야 함을 주장한 바 있다.[47] 과학자는 과학 연구의 전문가이지 글로 작성하여 연구 결과를 소통하는 데에는 아마추어이기 때문이다.

이 말도 나름 일리가 있는데, 글쓰기를 훈련하는 데 시간과 노력을 들이기보다 연구 자체에 몰두하게 되면 그만큼 연구력과 연구 생산성이 향상될 수 있기 때문이다. 전문 작가가 연구진의 일부가 된다면 과학자의 연구 결과에 대한 정보와 중요성이 다른 과학자나 독자에게 잘 전달될 수 있도록 논문을 작성하는 데 크게 기여할 수 있을 것이다. 물론 이런 전문 작가는 ICMJE의 '저자됨'의 자격과 부합하지 않기 때문에 논문 저자로 이름을 올리는 것이 아니라 논문 출판에 도움을 준 기관 및 인물에 감사를 표하는 논문 사사 acknowledgement만으로도 충분하다.[48] 달리 말해 기여자권만 인정한다는 말이다.[49]

핵심 연구 지원 시설을 통한 실험의 외주화와 전문 작가를 활용한 연구 결과의 소통 강화는 이제 과학 연구의 일상적 모습으로 자리 잡아가고 있다. 이에 따라 실험하기와 논문 쓰기라는 과학자의 주 작업의 경계가 연구의 분업화와 외주화의 흐름 속에서 모호해졌다. 과학자의 역량이 무엇인지를 새롭게 정의하고 평가할 수밖에 없는 시기에 들어선 것이다.

공동 연구를 한다는 것

최초의 과학 전문 학술지인 〈철학회보〉가 1665년에 처음 발행된 이후부터 1920년까지 기본적인 논문 작성의 원칙 중의 하나는 저자가 한 사람이라는 것이었다.[50] 20세기 초반까지만 해도 98퍼센트 이상의 논문이 단독 저자였다.[51] 그렇지만 연구원이나 조력자가 저자로 이름을 올리지 않은 채 실험에 참여하는 경우는 흔했다. 협업과 공동 연구의 형태가 최근에 새롭게 나타난 특징은 아닌 것이다.

사실 의생명과학 분야의 공동 연구는 대항해 시대 이후 자연사의 연구 전통 속에서도 이루어져 왔다. 세계 각지의 동식물을 수집하여 목록을 만들고 분류를 하는 일은 혼자만의 노력으로는 도저히 불가능한 일이었다. 분류학자 카를 폰 린네의 《자연의 체계》나 장바티스트 라마르크의 진화 이론 등은 협업을 통해 미지의 세계를 탐험하고 새로운 동식물을 수집하지 않았다면 불가능한 일이었다.

1950년대에 접어들자 저자마저도 다수인 논문이 발표되기 시작했고 1980년 이후가 되자 의생명과학 분야에서 단독 저자 논문은 거의 자취를 감추게 되었다. 이렇게 저자가 늘어나게 된 이유는 상당히 복합적이다. 학문적 분화와 전문화가 심화되고 풀어야 할 문제의 복잡성이 증가되면서 분업화해서 지식을 생산하는 공동 연구 방식에 기대지 않고 어떤 문제를 해결하는 것이 매우 어려워졌다. 같은 세부 전공이라도 실험 방법이 워낙 다양해졌기 때문에 혼자서 모든 실험 방법을 익히고 사용하기 어려워진 것이 현실이다.

이에 더해 실험 재료비와 인건비가 올라가면서 고비용의 실험 구조가 만들어졌고 고가의 실험 장비를 충분히 갖추기에 힘들어지면서 공동 연구의 수요가 크게 늘게 되었다. 실험 장비나 기기 사용 방법을 익히는 데 상당한 시간이 필요하게 되었기 때문에 직접 사용법을 배우고 익히기 쉽지 않게 되었다. 또한 경쟁이 가속화되면서 과학자들은 협업을 통해 연구 기간을 단축시키면서 연구 생산성을 높일 수밖에 없는 상황에 몰린 면도 크다. 물론 인터넷 등의 기술 매체 발전에 힘입어 정보 순환 속도가 전례 없이 증가한 상황 역시 빼놓을 수 없다.

오늘날 공동 연구는 크게 두 가지 형태로 나누어서 생각해 볼 수 있다. 하나는 개별 과학자가 연구를 진행하던 중에 특정 지식이나 기술의 사용이 필요해지면서 공동 연구가 생겨나는 방식이다. 또 다른 하나는 애초부터 공동 연구를 기획하는 경우이다. 전자의 경우 제도적으로 뒷받침하기 쉽지 않지만, 후자의 경우 정부가 사전 계획된 공동 연구 계획서를 평가하고 연구비를 지급하는 방식으로 연구자에게 공동 연구의 기회를 제공할 수 있다.

공동 연구의 활성화는 과학 연구도 일종의 사회적 활동이며 과학자는 고립된 채 오로지 자신의 연구만을 위해 살아가는 사람이 아니라는 점을 강력하게 시사한다. 그렇기 때문에 사회적 관계 형성과 소통 능력은 과학자가 지녀야 할 매우 중요한 소양 중의 하나이다. 특히 19세기 중반 이후 국제적 학술 대회가 개최되면서 한 공간에 여러 연구자들이 모여 새로운 발견이나 연구 성과를 구두로 발표하고 공유할 수 있게 되었고 과학자들이 학술적 그리고 사회적으로 교류를 촉진하는 공식적인 자리로 확고히 자리매김했다.

누구도 의지하지 마라

이제 오늘날의 실험실이 어떻게 작동되고 실험이 어떻게 이루어지는지 대략적으로 감이 잡힐 것이다. 그렇다면 이를 바탕으로 지식 생산의 측면과 사회 문화적 측면에서 실험의 의미와 역할에 대해서도 다시 한번 짚어 볼 필요가 있다. 먼저 과학 지식의 생산에 국한시켜 실험의 역할을 살펴보면 가설의 확증, 가설의 생성, 기존 지식의 새로운 적용 정도로 요약해 볼 수 있다.

우선 실험은 경험적으로 가설을 확증하는 강력한 수단이다. 실험의 중요성은 '누구의 말도 곧이곧대로 취하지 마라' 혹은 '누구의 말도 의지하지 마라'라는 뜻의 영국 왕립 학회의 모토 'Nullius in Verba'에서 잘 드러난다. 즉 어떤 발상의 진실은 말이 아니라 경험적 증거를 통해서 확인해야 한다는 것이다. 특히나 실험은 변수를 통제하면서 자연 현상을 발생시키기 때문에 인과 관계 규명에 매우 유용하다.

칼 포퍼 등은 'Nullius in Verba'를 '말에는 아무것도 없다'라고 번역하기도 했지만,[52] 이는 스티븐 제이 굴드가 지적했듯 의미를 제대로 전달하는 번역이라고 보기 어렵다.[53] 이 문구는 원래 고대 로마의 시인, 호라티우스의 편지에 적힌 "나는 어떤 주인의 말에 충성을 맹세할 의무가 없습니다. 폭풍이 나를 데려가는 곳을 안식처로 삼겠습니다"라는 구절에서 인용한 것이다. 존 에벌린은 이 구절에서 세 단어만 가져와서 왕립 학회의 모토를 만들었다.

따라서 이 모토는 말이 중요하지 않다는 뜻이 아니라 결국 사고와 행위의 자유를 옹호하는 것이다. 또한 베이컨이 "확신에서 출발하면 의심으로 끝나지만, 의심에서 출발하는 것에 만족하면 확신으로 끝날 것입니다"라는 말과도 맥을 같이 한다고 볼 수 있다.[54] 즉 관찰과 실험을 통해 확인되지 아니한 고대 이론의 권위에 기대지 말고 가능한 모든 것을 시험하고 확인하는 것이 중요한 자세임을 강조한 것이다.[55] 추정과 추측이 아니라 관찰과 시험을 통한 발견을 보고하는 것은 과학의 기본 정신 중의 하나이다.

실험 결과가 가설을 확증한다거나 지지한다는 말은 과학자에게 무엇을 뜻하는 것일까? 이 말은 논리적으로 완벽하게 가설을 증명하는 데 성공했다기보다 실험 결과가 확증하려는 가설과 모순되지 않음을 뜻한다. 달리 말해 현 상황에서 제안한 가설을 배제하거나 반박할 만한 어떤 결과도 확보하지 못했다는 의미로 통용된다. 과학 지식은 합리적 믿음의 정도가 높을 뿐 완전무결하지 않기 때문에 얼마든지 수정될 수 있다. 그렇기에 우리의 무지를 끊임없이 환기시키는 포퍼의 '비판적 합리주의'야말로 매우 중요한 과학자의 에토스임에 틀림없다.

전통적으로 유스투스 폰 리비히나 포퍼는 실험은 이론에 종속되는 것으로 보았다. 과학 이론을 명시적으로 시험하는 것을 실험의 역할로 간주한 것이다.[56] 하지만 이러한 견해는 오늘날 과학에서는 제한적으로만 받아들여진다. 왜냐하면 실험은 가설을 시험할 뿐만 아니라 생성하기 위해서도 사용되기 때문이다. 뚜렷한 단서가 없거나 새로운 돌파구를 찾고자 할 때 흔히 탐사적 목적으로 실험을 활용할 수 있다. 앞서 언급한 총체적 개념을 바탕으로 하는 생물학의 오믹스 실험과 같은 초고속 대량 검색 기술의 발전에 힘입어 탐사적 목적의 실험이 폭넓게 도입되었다.[57] 데이터 기반 연구인 것이다.[58]

뿐만 아니라 실험은 기존 지식의 새로운 적용을 위해서도 사용될 수 있다. 실용적 목적으로 활용되는 선별 검사나 진단 검사 방법을 마련하기 위한 실험을 대표적인 예로 들 수 있다. 검사법의 조건을 확립하기 위해서는 무수히 많은 실험을 거쳐야만 하는데, 민감성, 특이성, 정밀성, 정확성 등의 성능을 평가하고 절차를 표준화시켜야 되기 때문이다.[59] 기초 연구뿐만 아니라 응용이나 개발 연구에도 여전히 실험은 중요한 요소이다.

보다 더 시야를 넓혀 사회 문화적 측면에서도 실험의 의미와 역할을 살펴볼 수도 있다. 수학적 방법의 보편화와 기계론적 세계관의 등장과 함께 실험 방법의 확산은 근대 과학의 발전에 핵심적인 역할을 담당했다. 특히 19세기 이후 일어난 과학의 제도화와 전문화와 함께 실험실의 장치화는 과학의 지적 및 사회적 구조의 큰 변화를 일으켰다.[60]

특히 실험실이 장치화됨에 따라 분석 범위는 대폭 확장되었고 실험 데이터의 생산성은 크게 향상되었다. 실험 장치는 크게 세 가지 이유에서 사용된다. 첫째 생물학적 속성을 측정하여 생명 현상을 가시적으로 만들기 위한 용도로, 둘째 레이저와 같이 자연에 존재하지 않는 현상을 유발하기 위한 용도로, 마지막으로 저산소 세포 배양기처럼 자연에서 일어나는 현상을 실험실에서 재현해 내기 위한 용도로 활용된다. 이런 면에서 볼 때 실험은 실험 장치 개발의 수요를 이끌어 내고 기술의 과학화를 촉진하는 역할도 하고 있는 것이다.

실험 장치의 발전에 따라 과학의 성격이 크게 바뀌었다. 자연에 존재하는 대상과 자연에서 일어나는 사건을 분류하고 원리를 추론하는 박물학natural history과 자연 철학의 형태에서 실험 방법을 통해 조건을 조작하고 결과를 측정하는 실험 과학의 형태로 바뀐 것이다.[61] 생리학을 예로 들면 실험 장치가 개발됨에 따라 해부학 기반의 기술적 과학descriptive science과 결별하고 물리 화학 기반의 실험적 과학으로 학문적 성격이 바뀌었다.

하지만 이러한 실험 장치의 개선과 혁신 속에서 실험실 사이에서 연구력의 격차가 벌어지는 결과는 피할 수 없게 되었다. 뛰어난 대학과 연구소에 소속된 소수의 학자들이 상당수의 중요 논문을 생산한다는 주장도 부정하기 힘든 현실이 되었다. 즉 과학의 발전과 진보에서 연구 주도권을 쥐고 있는 소수의 엘리트 과학자의 역할을 완전히 무시하기는 어렵다. 그런 과학자 중 일부는 토템의 반열에 오르기까지 한다. 따라서 실험은 과학의 발전을 이끌면서 다른 한편으로는 과학자 사회를 계층화시키는 요인으로도 작용하고 있는 것이다.

게다가 실험은 국가·지역·연구 기관 사이의 연구 불균형을 심화시키고 있다. 일찍이 베르나르는 리비히의 실험실에서 공부했던 샤를 아돌프 부르츠가 작성한 과학 제도 관련 보고서를 참조해서 생리학의 발전에 새로운 발견과 아이디어뿐만 아니라 실험 재료, 훈육 문화, 연구 장비 등이 핵심적인 역할을 한다고 주장했다. 또한 베르나르는 자신의 일반생리학 수업 시간에 프랑스의 생리학이 얼마나 빈약한 상태에 있는지를 설명하기 위해 당시 최고의 연구 장비와 시설을 갖춘 카를 루트비히의 생리학 연구소(라이프치히 소재)와 대조하기도 했다.[62]

한편 연구 경쟁이 심화되고 하나의 연구에 동원되는 실험 장치의 수가 늘어나자 과학자 혼자서 모든 실험을 감당하기 힘든 상황이 벌어졌다. 이에 따라 연구팀의 구성이 연구의 생산성을 결정하는 중요한 요인으로 작용하기 시작했다.[63] 그러자 과학자 양성 역시 제한된 종류의 특정 실험만 전문성을 갖추도록 하는 방식으로 전환되었고 연구를 진행하고 결과를 발표하기 위해서는 공동 연구가 불가피해졌다. 하지만 앞서 언급했듯이 논문을 발표할 때 저자의 역할과 공헌에 대한 갈등과 논란의 문제도 불거지기 시작했다.[64] 이렇듯 실험은 과학의 성격뿐만 아니라 과학자의 양성 방식 및 과학 연구의 작동 방식과 문화마저도 변화시켜 가고 있다.

과학적 발견과 명성

실험실을 방문해서 대학원생에게 왜 실험을 하냐고 물어보면 어떤 답변을 들을 수 있을까? 현실적 보상에 크게 연연하지 않고 오로지 숭고한 목표를 향해 자연 현상이나 질환을 더 잘 이해하고자 열정을 바치고 있다고 할까? 오늘날 과학은 직업적 성격이 강해졌다. 영향력 지수가 높은 학술지에 논문을 실으면 취업, 승진, 연구비 수혜 등이 상당히 보장된다. 그러다 보니 얼마나 많은 논문을 영향력 지수가 높은 학술지에 발표했느냐가 과학자로서의 성공 척도가 되었다.[65]

이런 모습을 보면 얼마나 많은 대회에서 메달을 땄느냐를 기준으로 스포츠 선수를 평가하고 순위를 매기는 방식과도 비슷해 보인다.[66] 하지만 과학의 작동 방식이 스포츠와 유사하다는 것이 과연 바람직하다고 말할 수 있을까? 과학 연구를 계량화하고 순위를 매기는 것이 정말 건전하고 생산적인 방식일까? 이런 방식은 적어도 연구 결과가 정말 독창적이고 중요한지, 혹은 문제 해결에 얼마나 기여했는가를 온전하게 평가하기는 힘들어 보인다.[67]

그렇다고 해서 현실적 고민을 완전히 외면하기도 어렵다. 그렇기에 영향력 지수에 구애받지 말고 호기심과 열정 속에서 발견의 쾌감과 지적 성취에 만족하자고 조언하기 힘든 상황이 되었다. 어쩌면 실험을 대하고 임하는 자세가 어떠해야 되는가와 같은 질문은 오늘날 실험실에서 다소 어색하거나 생뚱맞은 것인지도 모른다. 영향력 지수의 문제가 아니더라도 오늘날 과학계가 아주 건강하게 작동한다고 말하기 힘든 면들이 있다.

가장 단적인 예를 하나 들면 발견의 순간을 함께한 사람과 발견의 영광이 돌아가는 사람이 대부분 일치하지 않는다는 점이다. 즉 직접 발견을 한 사람과 그 발견에 대해 책임지고 논문을 쓰는 사람이 잘 일치하지 않는 것이 오늘날 과학계의 현실이다. 왜냐하면 실제 발견을 한 사람은 주로 대학원생이나 연구원이지만 논문 작성은 대개 교수나 연구 책임자의 몫이기 때문이다. 학회 발표나 초청 세미나의 주인공도 늘 교수나 연구 책임자가 된다. 과학적 발견에 따른 명성 획득과 같은 보상이 젊은 과학자에게 충분히 돌아간다고 말하기 어렵다.

최초의 항결핵제로 알려진 스트렙토마이신이라는 항생제를 직접 찾아낸 과학자는 앨버트 샤츠였다. 그는 이 항생제를 찾아내기 위해 밤낮을 가리지 않고 노력했다. 하지만 위대한 발견의 영광은 그의 지도 교수였던 셀만 왁스만에게만 돌아갔다. 샤츠는 배제된 채 왁스만만 1952년 노벨 생리의학상을 수상한 것이다. 물론 발견의 공과 발견과 유용성을 정식화한 공 중 어느 부분에 방점을 둘 것이냐 하는 문제는 논쟁의 여지가 없는 것은 아니다.[68]

이는 최초로 백신을 개발한 공이 벤자민 제스티가 아니라 에드워드 제너에게 돌아간 것과 유사한 면이 있다.[69] 프랜시스 다윈이 "과학계에서 공적은 아이디어를 처음 낸 사람이 아니라 세계를 처음으로 납득시킨 사람에게 돌아갑니다"라고 말했듯이 말이다.[70] 실험실은 사장만 돋보이는 작은 가족 회사와 비슷한 성격을 띤다. 어쩌면 족장만 돋보이는 씨족 사회와 유사하다는 표현이 더 적절하다.

마이클 호튼의 노벨 생리의학상 수상 소감은 여러 가지 생각 거리를 제공한다.[71] 2020년 호튼은 하비 알터와 찰스 라이스와 함께 C형 간염바이러스를 발견한 공로를 인정받아 노벨 생리의학상을 공동 수상했다. 그렇지만 호튼 "그런 상을 받으면 행복하지만 다른 한편으로는 씁쓸합니다. 왜냐하면 연구팀 전체의 공로를 인정하지 않기 때문입니다"라는 말로 착잡한 심경을 토로했다.

호튼은 C형 간염바이러스를 발견하기 위해 온 힘을 다한 두 명의 동료 주계림과 조지 쿠오가 그 공로를 인정받아야 한다고 줄곧 주장했고, 노벨상 수상자가 발표된 후 열린 기자회견에서도 "그들의 노력이 없었다면 나는 성공하지 못했을 것입니다"라고 말했다.

새로운 발견의 기쁨, 동료 과학자와 일하는 즐거움, 사회에 헌신하고 기여하는 보람을 중요시하는 마음 자세로 실험에 임하는 것은 데이비드 브룩스가 《인간의 품격》에서 성찰한 바 있듯 오늘날과 같이 성공을 위해 자신을 부풀리며 타인의 인정을 받는 데만 몰두하며 외적인 찬사를 삶의 척도로 삼는 시대에는 어울리지 않는지도 모른다. 하지만 여전히 놓쳐서는 안 될 과학자의 미덕과 마음가짐임은 틀림없고 그러한 마음가짐을 가진 채 묵묵히 실험에 몰두하고 있는 많은 과학자들 덕분에 여전히 과학 생태계는 건강하게 유지되고 있다.

1965년 노벨 물리학상을 받은 리처드 파인먼은 "나는 스웨덴 아카데미의 누군가가 이 일이 상을 받을 만큼 고귀하다고 결정하는 것은 큰 의미가 없다고 봅니다. 나는 이미 상을 받았습니다. 그 상은 그것을 발견한 기쁨입니다"라는 말을 남겼다.

한편 1983년 노벨 생리의학상을 수상한 바바라 매클린톡은 "그동안 옥수수에게 해답을 요청하고 그 반응을 지켜보면서 수많은 기쁨을 누렸던 내가 노벨상을 받는다는 것은 불공평한 일일 수 있습니다"라고 말한 바 있다.

2007년 노벨 생리의학상을 수상한 올리버 스미시스는 "1953년에 발표된 한 논문은 한 번도 인용되지 않았지만 그 논문으로 인해 박사 학위를 받았고 자질을 갖춘 과학자로 성장할 수 있게 되었으며 무엇보다도 연구를 즐기면서 훌륭한 과학을 배울 수 있었습니다"라고 했다.✦

이 저명한 과학자들의 말은 잔잔한 울림을 줌과 동시에 이 시대를 살아가는 과학자와 시민에게 질문을 던진다. 어떤 마음으로 과학에 임하고 있고 어떤 눈으로 과학자를 바라봐 줄 것인가? 과학은 성공이 아닌 성장의 이야기인 것이다.

논란이라는 활력

과학을 뜻하는 'science'는 총체적 지식을 뜻하는 라틴어 '스키엔티아scientia'에서 유래한 단어로 자르거나 구분하다는 의미와 관계가 있다. 스키엔티아는 곧 자르고 구분하여 현상 이면에 숨겨진 질서를 드러내어 신이 창조한 완벽한 통일체로서의 세계를 이해하려는 노력의 산물이었다. 하지만 실험 방법을 통해 자연 현상을 자르고

✦ 사실 그 논문은 몇 차례 인용되었으나 스미시스는 한 번도 인용되지 않은 것으로 잘못 알고 있었다.

구분하는 과정은 그렇게까지 논리적이거나 완결한 것은 아니다. 다만 논문을 작성하는 과정 속에 완벽함이나 완전무결함을 추구하려는 종교적 열망은 듬뿍 묻어나게 된다.

토머스 헉슬리 역시 "과학은 단지 최선의 상식입니다. 즉 관찰에 대해서는 엄격히 정확하고 논리의 오류에 대해서는 무자비합니다"라고 말한 바 있다. 하지만 완벽한 세계에 대한 갈망은 종교적 흔적일 뿐, 과학은 늘 '논란controversy'이라는 동반자와 함께 했다.[72] 과학의 진짜 적은 논란이나 오류가 아니라 특정 이론에 대한 맹목적 믿음이다. 논란이나 오류는 관찰이나 실험을 통해 확보한 증거를 바탕으로 바로잡을 수 있지만 맹목적 믿음과 추종은 건전한 비판 자체를 용납하지 않기 때문이다.

논란이야말로 과학 지식의 아주 중요한 본성 중의 하나이다. 그래서 과학자는 새로운 과학적 발견을 접할 때 늘 즉각적 판단을 유보하면서 흥미롭다, 도발적이다, 그럴듯하다, 설득력이 있다는 식으로 에둘러 표현한다. 논란은 과학을 손상시키지도 파괴시키지도 않는다. 오히려 과학 발전의 원동력이자 활력의 징후vital sign이다. 과학자 사회는 열린 사회로서 토의·비판·반대가 허용되고 이를 통해 더 나은 과학으로 발전해 간다. 맹목적으로 믿거나 추종하는 것이 아니라 관찰과 실험을 통해 시험될 수 있다는 점이 과학의 핵심적인 정신인 것이다.

그렇기 때문에 무비판적으로 논문을 읽거나 시키는 실험만 맹목적으로 하는 자세는 매우 경계해야 한다. 교수나 연구 책임자는 가설과 실험 설계를 담당하고 학생이나 연구원은 실험 수행만 담당하는 실험실이라면 연구 성과는 잘 나올 수 있어도 과학자로 성장하기에 적합한 곳이라고 말하기 어렵다. 과학이 성공이 아닌 성장의 이야기라면 연구 과정 하나하나에 더욱 주목해야 할 것이다.

인과 관계의 규명이 실험의 주된 목적 중의 하나로 확고히 자리 잡으면서 변수를 통제하는 통제 실험 혹은 구성 실험이 중요해졌다. 실험 의학의 아버지인 베르나르 역시 주어진 현상을 발생시키는 데 필요한 조건, 즉 필요조건을 알아내고 이를 통제하는 것을 매우 중요하게 여겼다. 통제는 미리 결정해 놓은 방식으로 실행할 수 있는 능력을 뜻하기 때문에 실험실은 곧 통제의 장소가 되었고 그러한 장소에서 이루어지는 훈육 방식은 과학자 양성에 매우 중요한 요소로 굳어졌다. 하지만 실험은 암묵적 지식에 의존하는 바가 크기 때문에 훌륭한 과학자를 키우는 일은 쉽지 않은 숙제가 될 수밖에 없다.

메다와의 말처럼 실제 이루어진 연구와 논문에 제시된 연구 과정 사이에는 큰 간격이 있다.[73] 논문은 날것 그대로가 아니라 성공한 역사이자 정제된 역사이다. 실제 실험은 무수히 많은 실패와 어처구니없는 실수로 점철되지만 직접 실험실 생활을 해 보지 않는 한 그 어디에서도 이런 과학 현장의 모습을 찾기 어렵다. 하지만 1922년 노벨 물리학상을 받은 닐스 보어가 "전문가란 굉장히 좁은 분야에서 가능한 온갖 실수를 전부 저지른 사람입니다"라고 한 바 있듯 실수와 실패는 과학자의 길을 찾아가는 과정의 일부분인 것이다.

이와 같이 실험은 비과학적이고 암묵적이며 직선적이지 않은 특징을 지니고 있기 때문에 과학은 묘한 아름다움과 감동을 품고 있는지도 모른다. 그렇기에 과학 지식의 본성은 다분히 미학적일 수밖에 없다.

4장

왜 지식을
공유하는가

"과학자는 지금 당장 할 말이 있는
유일한 사람이고,
그것을 어떻게 말해야 할지 모르는
유일한 사람인 듯합니다."

제임스 매슈 배리

지식을 공유하는 방법

미국 프로야구의 전설적인 포수 요기 베라가 뉴욕 메츠에서 감독 직을 맡고 있을 때였다. 한 기자가 소속팀의 저조한 성적을 두고 올 시즌이 끝난 것이 아니냐고 묻자 베라는 "끝날 때까지 끝난 것이 아 닙니다"라는 유명한 말을 남겼다.

한번 시작한 과학 연구는 언제 끝나게 될까? 실험 데이터를 분 석하고 해석한 다음 연구 노트에 잘 기록해 두면 연구가 끝난 것인 가? 일찍이 프랜시스 베이컨은 연구 결과를 발표하지 않는 연금술 사의 태도를 자주 비판했고 사회학자 로버트 머튼 역시 과학자 사 회의 규범으로서 과학 지식의 개방적 공유를 강조한 바 있다. 연금 술의 몰락과 실패를 떠올릴 때 근대 과학의 특징 중의 하나는 실험 에 있다기보다 실험을 통해 확보한 증거를 공유하고 평가하고 비 판하는 문화의 정착에 있다고도 볼 수 있다.

오늘날 연구 결과의 발표나 과학 지식의 공유는 전문 학술지에 논문을 게재하는 방식으로 이루어진다. 달리 말해 출판이라는 방식을 통해 맹목적 믿음과 추종을 배척하고 자유롭게 평가하고 비판하는 문화가 정착된 것이다. 연구 현장에서 생산된 과학 지식은 출판을 통해 공유되고 확산될 때 비로소 의미를 가진다. 따라서 전문 학술지에 논문이 게재될 때까지 연구는 끝나도 끝난 것이 아니라고 말할 수 있을 것이다. 마이클 패러데이는 자신의 성공의 비밀을 '일하고 마무리하고 발표하라'는 말로 요약하기도 했다.

결국 오늘날 대부분의 과학 연구는 실험실이란 장소에서 가설을 세우고 실험을 수행한 과정이 논문이라는 틀 속으로 옮겨지고 발표됨으로써 일단락된다는 말이다.✦ 하지만 논문은 연구 과정에 대한 있는 그대로의 사실적 기록이 아니라 철저히 재구성, 재창조된 산물이다. 그렇기 때문에 논문 발표는 연구에 들인 노력만큼이나 힘들고 고단한 작업이 될 수밖에 없다. 임기응변, 갈팡질팡, 뒤죽박죽으로 점철되었던 연구 과정이 논리와 이성의 승리로 포장된다는 것이 쉬울 리 만무하다.

비선형적인 과학 연구의 경로를 생각할 때 논문은 과학을 바라보는 새로운 창을 제공할 수 있다. 과학 연구의 수행과 소통 사이에는 큰 간극이 존재하기 때문이다. 더군다나 흥미롭게도 과학 논문에는 과학자들도 잘 인지하지 못하는 비과학적인 요소가 산재해 있다. 바꿔 말하면 우리는 논문을 통해 숨겨져 있는 과학의 본성을

✦ 실험실 이외의 장소에서 이루어지는 관찰 연구도 중요한 과학 연구 방식이다. 다만 필자가 다루지 않을 뿐이다.

드러내고 이해의 폭을 넓힐 수 있다.

본 장에서는 그동안 간과되었던 의생명과학 분야 논문의 특징을 집중적으로 살펴봄으로써 과학의 속성을 새롭게 이해하고 과학자에게 필요한 소양과 과학의 미래에 대해 고민해 볼 기회를 마련하고자 한다.

학문 공동체의 편지 교류

원활한 지식 유통의 필요성은 상당히 오랜 기간 동안 제기되어 왔다. 17세기 문헌에서도 '정보 위기information crisis'의 흔적을 찾아볼 수 있다. 1647년 〈학문의 진보를 위해 윌리엄 페티가 새뮤얼 하트리브에게 보낸 조언〉이라는 31쪽짜리 편지에서 페티는 다음과 같이 문제의식을 토로했다.[1]

우리는 많은 재치와 독창성이 세상에 흩어져 있는 것을 볼 수 있습니다. 하지만 그중 일부는 이미 이루어진 것을 수행하려고 애쓰고 있고, 이미 발명된 것을 다시 발명하기 위해 노력하고 있는 것입니다. 또한 쉽게 제공받을 수 있는 정보가 별로 없어서 어떤 일이든 금세 어려움에 봉착하는 것을 보기도 합니다.

당시 과학자 혹은 자연 철학자들은 어떻게 정보 접근과 공유의 문제를 해결했을까? 과학자들은 편지로 지식을 교환하면서 국경을 초월하여 학문 공동체에 대한 소속감을 보였다.[2] 16~18세기는 학식의 공화국 혹은 서신 공화국이라 불리는 시대로 편지는 과학자들의 지식 공유 네트워크 형성에 중요한 매체가 되었다. 과학자의 수가 늘어나고 편지 교환과 회람이 활발해지면서 편지는 점차 학술지 논문의 성격을 띠게 되었다. 새로운 지식의 검증과 확산이라는 문제는 편지 교환을 통해 교류하는 방식으로 어느 정도 해소될 수 있었다.

이러한 교류는 점차 학술 모임의 결성으로 이어지기 시작했다. 학술 모임의 결성은 과학 연구가 공동체적 활동으로 공식화되었다는 것을 의미한다. 즉 연구 결과를 공적으로 공유하고 소통하는 방식이 마련되고 이에 따라 평가하고 비판하는 체계가 구축된 것이며 연구 활동의 규범 혹은 패러다임이 확립되기 시작했음을 알리는 것이다. 전문가 공동체의 형성 없이는 과학 출판도 불가능했을 것이다. 지식이 공유되고 논쟁에 대한 판단 기준이 마련되기 시작하자 제지술과 인쇄술이라는 기술적 토대 위에서 새로운 지식을 공유하고 공적으로 인정받을 수 있는 출판의 방식이 자리 잡을 수 있었다.

그렇기 때문에 학술 모임 혹은 학회의 역사는 흔히 학술지의 역사와 함께 간다. 학술 모임의 자의식은 학술지를 통해 표출되고 논

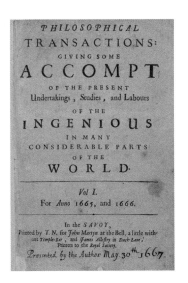

PHILOSOPHICAL
TRANSACTIONS:
GIVING SOME
ACCOMPT
OF THE PRESENT
Undertakings, Studies, and Labours
OF THE
INGENIOUS
IN MANY
CONSIDERABLE PARTS
OF THE
WORLD.

Vol. I.
For Anno 1665, and 1666.

In the SAVOY,
Printed by T. N. for John Martyn at the Bell, a little with-
out Temple-Bar, and James Allestry in Duck-Lane,
Printers to the Royal Society.

Presented by the Author May 30th, 1667.

그림 16 〈철학회보〉 제1호의 앞표지, 최초의 이름은 〈세계의 여러 지역에서 활동 중인 기발한 사람들의 지식과 연구 및 노력에 대해 설명하는 철학회보〉였다.

문 발표를 통해 고쳐지기 때문이다. 따라서 학술 모임과 학술지 출판은 새로운 지식을 검증하고 이를 확산시키는 강력한 방식으로 확고히 자리 잡을 수 있었다. 또한 출판은 직접 연구 현장에 있지 않고도 새로운 발견을 승인할 수 있는 방식으로 엄청나게 많은 증인을 확보하는 수단이기도 했다.

최초의 과학 전문 학술지는 1665년 3월 헨리 올덴버그에 의해 출간된 〈철학회보〉이다(그림16). 올덴버그는 〈철학회보〉 첫 호의 서문에서 "새로운 것을 발견하고, 지식을 서로에게 전하고, 자연 지식을 향상시키고 모든 철학 예술과 과학을 완성하는 웅장한 설계에 기여할 수 있습니다. 이 모든 것은 하나님의 영광, 왕국의 명예

와 이익, 인류의 보편적 선을 위한 것입니다"라고 밝혔다.[3] 이후 왕
립 학회의 공식 학술지로서 〈철학회보〉는 새로운 발견을 공유하고
우선권을 인정받는 핵심적 도구로 자리 잡았다.

토머스 헉슬리는 "전 세계의 모든 책이 파괴되더라도 〈철학회
보〉만 남아 있다면 물리학의 근간은 흔들리지 않을 것이며 지난 두
세기 동안 이룩한 거대한 지적 진보는 대부분 기록으로 남겨졌다
고 할 수 있습니다"라고 말한 바 있다. 이렇듯 〈철학회보〉는 19세기
까지 유럽에서 가장 중요한 과학 전문 학술지의 자리를 지켰다. 무
엇보다도 〈철학회보〉는 과학자들이 공간적·지리적 장벽을 뛰어넘
어 학문 공동체를 형성하고 자의식을 높이는 데 큰 역할을 했다.

과학 출판의 문제점

과학적 사실은 증거에 호소하는 방식을 통해 확인된다. 그렇기 때
문에 과학적 사실은 새롭게 확립될 수 있고 이미 확립된 사실도 폐
기될 수 있다. 즉 관찰이나 실험 증거에 의해 입증되고 반증될 수
있는 것이 과학적 사실인 것이다. 그렇다면 과학적 사실을 발견하
고 공유하고 비판하며 확립하는 과정이 굉장히 중요하게 된다. 이
러한 과정은 학술지를 통해 공적 방식으로 이루어질 수 있었다. 따
라서 학술지는 지적 권위에 굴복하지 않고 지식을 비판하고 시험

하는 지적 분위기를 형성하는 데 주도적인 역할을 했다.

　물론 학술지로 대변되는 과학 출판 문화에도 여전히 여러 문제점이 제기되고 있다. 한 가지 대표적인 예를 들자면 출간 편향의 문제이다. 이는 학술지들이 음성 결과negative result를 거의 출간하지 않는 현상을 일컫는다. 안 그래도 부정 명제를 증명하는 일은 쉽지 않은데, 논문 발표마저 힘들다면 굳이 많은 시간과 노력을 들일 동기가 생길 리가 없다.

　하지만 의생명과학의 경우 여러 이유에서 음성 결과의 발표가 중요할 수 있다.[4] 의생명과학 분야에서는 대부분 대안 가설이나 경쟁 가설을 배제하는 방식으로 제안하는 가설이 옳다는 것을 보여주기 때문에 음성 결과의 발표는 연구자들에게 연구 방향을 설정하는 데 중요한 단서를 제공할 수 있다. 또한 위양성과 위음성 문제에 대한 논의를 촉발시킬 수 있다는 측면에서 재현성의 위기 해결에도 큰 도움을 줄 수 있다.

공적으로 인정받기

논문 발표는 사적 연구 활동을 통해 얻은 결과를 공적으로 인정받는 중요한 과정이다. 1665년 〈철학회보〉가 발간됨에 따라 과학 정기 간행물은 논문 발표의 창구 역할을 담당하게 되었다.[5] 이후 350

년 이상의 시간이 흐르면서 과학은 세분화되고 과학자와 연구 논문의 수는 폭발적으로 늘어났다. 이렇게 되자 효과적으로 과학 지식을 공유하고 유통시키는 방편으로써 논문 형식의 구조화는 불가피한 일이 되고 말았다.

1972년 미국 표준 협회는 'IMRAD' 형식을 과학 논문 출판을 위한 표준으로 채택했다.[6] IMRAD 형식이란 서론Introduction, 방법 Method, 결과Result, 그리고And 고찰Discussion로 이루어진 논문 구조를 말한다. 1980년 이후 거의 모든 의생명과학 분야의 학술지들은 기본적으로 IMRAD 혹은 그와 유사한 구조화된 형식을 받아들였다. 전문 학술지 논문뿐만 아니라 석사나 박사 학위 논문도 IMRAD와 유사한 형식을 취하고 있다.[7]

따라서 이제는 연구 과정과 결과를 구조화된 형식에 맞추어 철저히 재구성하는 방식으로 논문을 쓸 수밖에 없다. 실험 보고서는 항상 실제로 일어난 일의 충실한 기록이어야 한다는 로버트 보일의 주장이 무색해진다. 더군다나 논문 쓰기는 완벽하고 완전한 논리적 세계를 구축하는 과정으로 과학 속에 담긴 종교적 열망이 드러나는 지점이기도 하다. 그렇기 때문에 논문쓰기는 가설 세우기와 실험하기를 포함하는 연구하기와는 전혀 다른 소양과 역량을 필요로 하는 작업이 된다.

연구 과정의 재구성은 최근에 나타난 현상이라고 보기 어렵다. 아이작 뉴턴이 발표한 광학 논문에서도 잘 드러나기 때문이다.[8]

1672년 〈철학회보〉에 실린 '빛과 색에 관한 새로운 이론을 포함하는 케임브리지 대학 수학 교수 아이작 뉴턴의 서한'에서 뉴턴은 실제로 일어난 일을 있는 그대로 서술하지 않았다. 왕립 학회가 숭상하는 베이컨이 주장했던 방식대로 현상에서 이론으로 가는 작업을 체계적으로 수행한 것으로 가장해서 기술한 것이다.

오늘날 논문 쓰기는 설득력 있는 스토리라인, 치밀하고 탄탄한 구성, 논리적이면서 속도감 있는 전개가 필요하다는 점에서 문학 작품이나 영화 대본 쓰기와 유사한 면이 있다. 또한 관찰이나 실험을 통해 얻은 지식을 단순히 보고한다기보다 설득의 성격도 강하게 드러난다. 하지만 적어도 세 가지 점에서 이런 유형의 글쓰기와는 구별된다. 첫째 논문 쓰기는 실험적 증거의 기반을 떠날 수 없는 제약이 있다. 둘째 증거의 확실성·정합성·완결성뿐만 아니라 연구의 신규성과 결과의 유용성도 강조해야 한다. 마지막으로 간결하고 정교하며 분명하게 작성하여 논증의 구조가 명확하게 드러나고 주장하는 바가 명시적으로 전달될 수 있어야 한다.

이 외에도 논문 쓰기는 또 다른 능력을 필요로 한다. 논문 형식이 구조화되면서 그림이나 표를 활용하여 실험 증거를 제시하는 방식이 보편화되었기 때문이다. 데이터나 지식이 시각화되고 공간적으로 배치되면서 문자의 한계를 넘어 훨씬 더 압축적이고 효과적으로 연구 결과를 표현하고 전달할 수 있게 되었다. 이 말은 논문을 다 읽지 않고 논문 제목과 초록 그리고 그림과 표만 보더라도 논문 전체 내용을 충분히 이해할 수 있다는 뜻이다.

이쯤 되면 논문 쓰기는 연구 과정과 결과를 단순히 기술記述하는 일이 아니라 고도의 전략적 고민과 판단과 선택이 필요한 작업임을 금세 눈치챌 수 있을 것이다. 또한 연구 결과를 효과적으로 전달하고 소통하려면 단순히 글쓰기 능력만 갖추어서 해결될 수 있는 문제가 아니라 예술적 감각이나 소양 등도 길러야 함이 이해될 것이다. 특히 과학자는 훈련된 미적 기준을 바탕으로 논문에 제시할 데이터를 선별한다는 점에서도 과학의 예술적 속성을 살피는 일은 관념적인 수준에 그치는 문제가 아님을 알 수 있다.

그렇기 때문에 과학의 본성을 제대로 짚어 보기 위해서는 과학 논문이 정확성·객관성·논리성을 근간으로 하고 있다는 전형적인 인식의 속박에서 벗어날 필요가 있다. 지금부터 과학자들도 잘 모르거나 간과하고 있는 논문이 지닌 예술적 속성과 문학적 속성을 드러내 보고자 한다.[9]

과학 논문 속 예술

그림을 통해 이 세계를 시각적으로 표상하고 재구성하는 일은 문자가 탄생하기 훨씬 전인 4만여 년 전부터 시작되었다.[10] 그림은 상세한 내용을 정확하게 전달하기 힘들어도 대략적이거나 직관적으로 파악하도록 하기에는 안성맞춤인 도구였다. 이는 6세기 말 교황 그레고리우스 1세가 글을 모르는 많은 신도를 교화시키려면 성서의 내용을 회화적으로 표현하는 것이 상당히 효과적이라고 인식했던 점과도 일맥상통한다.

흥미롭게도 중세 시대 회화의 역할과 묘하게 중첩되는 현상이 요즘 나타나고 있다. 최근 들어 '그림 초록'을 요구하는 학술지들이 점점 늘어나고 있다는 점이다.[11] 논문의 핵심 발견을 시각적으로 요약하여 한눈에 전체적인 내용 파악을 돕고자 함이다.[12] 이에 더해 '비디오 초록'을 요구하는 학술지도 늘어나고 있고, 이런 방식이 전통적인 초록보다 훨씬 더 효과적으로 논문을 이해할 수 있도록 해준다는 연구 결과도 나오고 있다.[13] 이러한 변화 속에서 과학과 예술의 상호 작용이 새롭게 주목을 받고 있다.[14]◆

그림이 지식 공유와 확산에 유용하고 지식 생산에 중요한 영감을 줄 수 있다는 점은 르네상스 시대에 본격적으로 구체화되기 시작했다. 특히 의생명과학 영역에서 일어난 예술과의 상호 작용은 빼놓을 수 없다. 근대 의학의 출발을 알린 베살리우스의 해부학 저서 《인체의 구조에 관하여》는 티치아노 베첼리오의 제자였던 안 스테펜 반 칼카르와 협업을 통해 나온 결과였다(그림17).[15] 정교한 해부학 도해는 전통과 혁신의 긴장 속에서 근대 의학의 출발점을 알

◆ 필자의 경우도 그림 초록 등을 제작하기 위해 서울여자대학교 현대미술과 김정한 교수 연구팀과 협업한 바 있다.

ANDREAE VESALII
BRVXELLENSIS, SCHOLAE
medicorum Patauinæ profefforis, de
Humani corporis fabrica
Libri feptem,

CVM CAESAREAE
Maieſt. Gallicarum Reg᷎ia, ac Senatus Venetigra
tia & priuilegio, vt in diplomatibus eorundem continetur.

그림 17 《인체의 구조에 관하여》의 권두화. 정면에 베살리우스와 새로운 해부학의 상징을 뜻하는 인체 골격이 보인다. 그 아래에서 베살리우스는 의사나 의대 학생뿐만 아니라 철학자와 종교학자로부터 하인에 이르기까지 많은 군중에 둘러싸인 채 직접 자신의 손으로 해부를 진행하고 있다.

리기에 충분한 것이었다.

반면 로마의 위대한 의사 클라우디오스 갈레노스의 저술에서는 도해가 수반된 적이 없었다. 심지어 그는 도해가 가치 없는 것이라고 말하기까지 했다. 사실 인쇄술이 개발되기 이전 필사를 통해 책을 제작하던 시절에는 필경사의 능력에 따라 필사한 도해의 품질이 크게 떨어지는 문제도 있었다. 또한 원근법이 등장하지도 않았고 회화 기법의 발전이 없었다는 점에서도 세계를 인식하고 기록하는 방식에 대한 개념이 제대로 잡혔다고 보기 어렵다.

1890년대 말 존스홉킨스 대학교는 순수 예술을 전공한 후 독일의 생리학자 카를 루트비히로부터 의학적 지식을 배운 맥스 브뢰들을 정식 의료 삽화가로 채용했다. 과학과 예술의 접목이 제도적으로 구체화되기 시작한 것이다. 브뢰들은 "과학자에게 더 많은 예술을 가르치고, 예술가에게 더 많은 과학을 가르치십시오"라는 말로 자신의 생각을 강조한 바 있다.[16]

한편 훨씬 더 일찍이 프랑스의 내과 의사 트루소는 "모든 과학은 예술에 닿아 있고 모든 예술에는 과학적인 측면이 있습니다. 최악의 과학자는 예술가가 아닌 과학자이며, 최악의 예술가는 과학자가 아닌 예술가입니다"라는 말로 두 문화의 만남을 강조하기도 했다.[17]

과학이 예술에 닿아 있다는 말은 과학자가 터무니없거나 명확하지 않은 증거에 현혹될 수 있다는 의미가 전혀 아니다. 새로운 지식을 유통하여 공동체 내의 지지를 만들어 내는 능력은 새로운 과학 지식을 생산하는 능력을 전제했을 때 의미를 가진다. 극단적으로 과학적 사실이 발명되거나 구성된다고 주장하는 것은 배척해야 한다.

20세기에 접어들어 본격적으로 실험 데이터를 그림의 형태로 제시하기 시작하면서 논문 작성에 새로운 전략이 추가적으로 필요하게 되었다. 그림의 배치는 성당의 제단화처럼 서사 구조를 통해 독자에게 핵심 주장, 의미, 중요성을 안내하는 작업이 되기 때문이다. 또한 그림은 경향이나 패턴을 직관적으로 파악하는 데 큰 도움을 주기 때문에 그래프의 형태, 그림의 공간적 배치 등에 따라 연구 결과의 신뢰성이나 설득력 등에 간접적 혹은 심리적으로 영향을 줄 여지도 생겼다.

오늘날 대부분의 논문에서 볼 수 있는 그래프 그림은 19세기의 발명품이다.[18] 20세기 전까지만 하더라도 실험을 통해 얻은 측정값은 본문에 그냥 기술했을 뿐 이를 시각화하여 그림의 형태로 보여주지 않았다. 그림이 있더라도 관찰한 대상이나 실험에 사용된 연구 장비나 기구를 그린 것이 대부분이었다.

연구 장비나 기구에 대한 이미지는 오늘날 논문에서 찾기 어렵지만 관찰 대상에 대한 이미지는 여전히 쉽게 발견할 수 있다. 특히 세포나 조직의 염색 이미지의 경우 대부분 첨단 장비를 통해 확보되지만 과학자들은 기계적 객관성에 기대어 무작위적으로 이미지를 선별하지 않는다. 실제 실험실에서는 신뢰성과 설득력을 높이는 작업의 일환으로 더 좋은 혹은 예쁜 이미지를 얻기 위해 노력하고 있다는 말을 흔히 들을 수 있다. 달리 말해 미적 기준이 실험 데이터 선별에 매우 중요하다는 말이기도 하다.

어떤 그림을 선택할 것인가에 대한 판단력은 실험실에서 이루어지는 경험과 훈련을 통해 얻게 된다. 물론 과학자 사회의 규범 혹은 패러다임을 벗어나지 않는 선이다. 이런 점들을 고려하면 논문 속에 포함된 그림은 과학 지식을 전달하는 보조적 수단에 그치는 것이 아니라 그 이상의 의미를 담고 있다고 볼 수 있다. 최근 과학 지식의 시각화에 대한 방법이나 규범을 다루는 문헌이 발표되고 있다는 점에서도 과학적 전문성에 기반한 예술적 기량이 매우 중요해지고 있다. 앞으로 필요한 과학자의 소양 중 하나임은 분명해 보인다.[19] 더군다나 과학자의 시각화 작업과 노력은 과학철학이나 인지과학의 연구 영역으로도 포섭되고 있다.[20]

최근 들어 논문 속의 이미지는 효과적으로 사실이나 지식을 전달할 수 있어야 한다는 관념도 깨지고 있다. 데이터 기반 연구에 관련된 논문에서 볼 수 있는 이미지들은 어떤 정보를 담고 있는지 알아채기 어렵다는 점에서 추상 예술과 유사하다. 특히 아주 복잡하고 화려한 네트워크 이미지를 떠올리면 쉽게 이해할 수 있을 것이다. 사실에 대한 모방이나 표현에 중점을 둔 것이 아니라 굉장한 분석을 해냈다는 점을 부각시키고 있기 때문이다. 이는 다분히 데이터에 대한 감성적 접근이며 감성적 아름다움을 추구하는 과학의 모습을 잘 보여 준다.

마지막으로 과학 논문에서 시각적 은유가 얼마나 많은 과학자에게 영감을 주거나 사회적으로 영향력을 미칠 수 있는지는 찰스 다윈의 생명의 나무life of tree에 대한 스케치 이미지에서도 잘 드러난다(그림18). '생명의 나무' 이미지는 세상의 모든 존재가 완벽을 향해 나아가는 듯 보이는 '존재의 대사슬Great Chain of Being' 이미지와 큰 대조를 이루었다. 또한 진화의 과정이 선형적 경로가 아니라는 점을 효과적으로 부각시켰고 진화의 핵심 개념을 성공적으로 전달하는 데 큰 기여를 했다.

시각적 은유에 관한 또 다른 대표적인 사례로는 제임스 왓슨과 프랜시스 크릭의 DNA 이중 나선 구조 이미지를 들 수 있다(그림19). 이 DNA 이중 나선 구조는 크릭의 아내이자 예술가였던 오딜 크릭의 작품이다.[21] 그녀는 이중나선 구조를 정확한 화학적 사실에 기대지 않고 인상적인 부분만 상징적으로 재현했고, 가상의 중앙 세로축을 그려 넣어 완전하고 역동적인 이미지를 창출해 냈다.

이 이미지는 야곱의 사다리나 헤르메스의 지팡이 카두세우스와 중첩되면서 DNA가 신의 말씀을 전하거나 신과 인간을 이어 주는 도구라는 이미지까지 만들어 냈다. 오딜 크릭이 보여 준 모형 제시와 시각적 은유는 과학사를 통틀어 가장 위대한 논문 중의 하나로 자리매김하는 데 크게 기여했고 유전학이 과학의 범위를 넘어

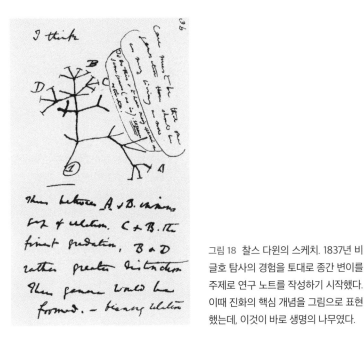

그림 18 찰스 다윈의 스케치. 1837년 비글호 탐사의 경험을 토대로 종간 변이를 주제로 연구 노트를 작성하기 시작했다. 이때 진화의 핵심 개념을 그림으로 표현했는데, 이것이 바로 생명의 나무였다.

문화적 코드로서 자리 잡도록 했으며 현대 과학의 모나리자에 비견되는 상징적 지위에 도달하도록 만들었다.[22]

은유로서의 과학

미국의 인지과학자이자 프레임 개념의 창시자, 조지 레이코프와 마크 존슨은 《삶으로서의 은유》를 통해 우리의 사고 과정이나 개념

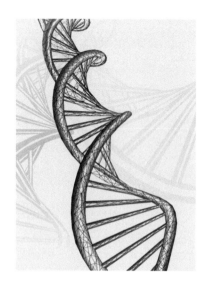

그림 19 DNA의 이중나선 구조. 널리 알려진 이 도식화의 시초는 1953년 4월 25일 발표된 〈네이처〉 논문 속 오딜 크릭의 그림이다. 그 논문의 내용은 왓슨과 크릭이 X선 회절분석법을 통해 수집한 실험 데이터로부터 DNA의 이중나선 구조를 밝혀내는 데 성공했다는 것이었다.

체계가 기본적으로 은유에 의해 구조화되기 때문에 언어적 표현으로서 은유가 가능해진다고 설명했다. 은유의 본질은 한 종류의 사물을 다른 종류의 사물의 관점에서 이해하고 경험하는 것이다. 이를테면 '시간은 돈이다'라는 은유는 시간을 돈이라는 관점에서 이해하고 돈에 대한 일상적 경험을 사용하기 때문에 시간은 한정된 자원이나 귀중한 상품과 같은 개념으로 구조화될 수 있다.

얼핏 보면 은유를 통한 개념화나 은유적 표현은 과학과는 어울리지 않고 문학 작품에서나 마주치는 장치처럼 여겨진다. 설사 은유를 사용하더라도 과학에 대한 전문 지식이 부족한 일반 대중을 위한 소통의 차원이지 과학 이론을 구성하거나 과학 논문 작성에 사용될 것이라고 생각하기는 어렵다. 일찍이 존 로크나 데이비드 흄은 은유는 언어의 오용으로 잘못된 의미와 판단을 안내한다고 비판한 바 있고, 20세기 분석철학자인 맥스 블랙은 과학에서 은유는 부차적인 것으로 치부했다.[23]

하지만 오래전부터 은유적 표현은 아이디어를 생성하거나 관찰을 인도하거나 이론을 구성하는 등의 측면에서 과학의 발전에 중요한 역할을 했다. 런던 왕립 학회의 실험 큐레이터를 맡기도 했던 로버트 훅은 신학·형이상학·문법·수사학 등이 아니라 실험에 의한 사물에 대한 지식과 기술의 발전을 강조했다.[24] 하지만 그가 《마이크로그라피아》에서 소개한 '세포cell'라는 이름은 원래 수도원의 작은 방을 지칭하는 용어였다(그림20).[25] 훅은 현미경으로 코르크 조각을 관찰하다가 발견한 구조를 설명하기 위해 은유를 활용한 것이다.

세포막에 분포하고 있으면서 이온의 유입과 출입을 조절하는 단백질을 '이온 통로'라고 부르는데, 이 역시 은유적 표현이다.[26] 'channel'은 원래 두 개의 큰 수역 사이의 좁은 통로를 일컫는 단어로 통로의 폭과 깊이에 따라 통과할 수 있는 배의 크기를 제한되는 특징을 보이며 필요에 따라서는 배의 출입도 통제할 수 있는 기능을 가진다. 따라서 이온 통로라는 개념은 'channel'의 특징을 토대로 구조화된 것이다.

은유적 표현이 이미 과학 속에 만연해 있다는 사실은 몇몇 과

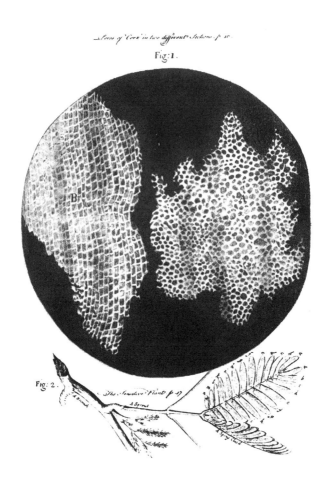

그림 20 로버트 훅이 현미경으로 관찰한 세포의 모습. 훅은 1665년 발간한 《마이크로그라 피아》를 통해 그가 직접 현미경으로 관찰한 깃털의 구조, 벌의 침, 연체 동물의 혀, 파리의 발 등에 관해 상세히 설명했다. 또한 코르크의 미세 구조를 그린 그림에서 빈 공간을 둘러 싼 벽을 보여 주었고, 이 그 구조를 가리켜 세포라고 불렀다.

학자들에 의해 잘 포착된 바도 있다. 미국의 심리학자 티모시 리어리는 "과학은 모두 은유입니다"라고 한 바 있고, 영국의 과학자 제임스 러브록은 "과학은 항상 은유를 사용합니다"라고 했으며, 영국의 수학자 야곱 브로노브시키는 "상징과 은유는 시만큼이나 과학에 필요합니다"라고 말했다.

유전학의 발전 양상을 살펴본다면 과학에서 은유가 얼마나 중요한 역할을 하는지 더욱 선명해진다. 1933년 노벨 물리학상을 수상한 에르빈 슈뢰딩거는 1943년 트리니티 대학에서 이루어진 '생명이란 무엇인가?'라는 제목의 대중 강연에서 생명의 본질을 유전자에서 찾았고 유전자를 바로 '암호 대본'이라 불렀다. 왜냐하면 유전자가 개체의 발육과 성숙된 상태에서 나타나는 기능의 전체적인 양상을 결정한다고 생각했기 때문이었다. 슈뢰딩거는 유전자의 실체에 대해서는 잘 알지 못했지만 유전자가 암호라는 그의 은유적 표현은 이후 분자 유전학의 이론적 토대와 중요한 관점을 제공했다.[27]

한편 제2차 세계대전 당시 세워진 미국 국가 방위 연구 위원회 NDRC에 소속된 워런 위버와 클로드 섀넌, 노버트 위너, 존 폰 노이만 등의 노력에 힘입어 '정보' '통신' '제어'라는 개념이 과학적으로 정립되었고 대중성도 확보했다.[28] 암호와 정보라는 용어가 보편화되고 있는 사회 문화적 맥락 속에서 왓슨과 크릭은 DNA 이중나선 구조를 밝힌 지 6주 뒤에 다시 〈네이처〉에 논문을 발표했다.[29]

이 논문에서 왓슨과 크릭은 "염기 서열의 구성이 유전적 '정보'를 담고 있는 '암호'처럼 보인다"는 말로 DNA는 4개의 염기로만 구성되어 있지만 염기의 배열 방식이 복잡한 생명 현상을 설명할 수 있다고 주장했다. 관찰한 사실에 대한 적확한 기록이 아니라 은유적 표현을 해석적 용어로 활용하여 논문의 의미를 전달하려 한 것이다.

이후 정보와 암호라는 은유적 표현은 유전자를 설명하는 전형이 되었고 유전 이론을 구성하는 핵심 개념으로 자리 잡았다. 이후 정보와 암호 이외에도 프로그램, 청사진blueprint 등 다양한 은유가 유전자의 특성이나 기능을 규정하기 위해 많은 논문에서 사용되었고 유전학의 발전에 핵심적인 자양분이 되었다. 특히 1980년 노벨 화학상을 수상한 월터 길버트는 염기 서열을 성배에 비유하고 유전학자를 아서왕의 기사의 이미지와 중첩시키면서 인간 게놈 프로젝트의 중요성을 대중에게 각인시키는 데 크게 기여하기도 했다.[30]

이렇듯 과학에서 은유는 일반 대중에게 과학 지식을 쉽게 설명하고 담론을 형성하는 것 이상의 역할을 한다.[31] 리처드 보이드 등도 지적했듯 과학에서 은유는 이론을 구성하고 대상을 비정의적으로 지시 확정하는 방식으로 작동할 수 있다. 예를 들면 메신저(전령) RNA는 DNA의 정보를 전달하는 역할을 하는 RNA의 일종을 일컫는데, 전령이라는 은유적 표현을 사용하여 생체 분자를 비정의적으로 지시하고 있으며 유전 정보의 흐름을 설명하는 중심 이론

의 한 부분을 설명하고 있다.[32]

유전학 이외에도 면역학의 '보조 T 림프구helper T cell'나 '방어 기전defense mechanism' 진화생물학의 '부모 투자parental investment'나 '군비 경쟁arms-race' 종양학의 '암 유전자 중독oncogene addiction'이나 '약물 저항성drug resistance' 재생의학의 '줄기 세포 재프로그래밍stem cell reprogramming'. 신경과학의 '거울 신경 세포mirror neuron'나 '기억 강화 memory consolidation' 세포 생물학의 '세포 주기cell cycle' 등 이루 말하기 힘들 정도로 많은 은유적 표현이 과학 논문에서 발견된다.

다음과 같이 저명한 학술지에 실린 논문의 제목을 보면 이러한 은유적 표현이 실제로 사용되고 있음을 알 수 있다.

- SOSTDC1을 생산하는 여포 보조 T 림프구는 조절 여포 T 림프구의 분화를 촉진한다 — 2020년 〈사이언스〉 369호

- 사람 거대 세포 바이러스는 새로운 자식작용 의존성 항바이러스 방어기전을 제어한다 — 2008년 〈Autophagy〉 4호

- 부모 투자와 성선택된 형질의 공진화는 성 역할의 분화를 주도한다 — 2016년 〈Nature Communications〉 7호

- 숙주와 바이러스 사이의 공진화적 군비 경쟁은 자연살세포 수용체의 다형성과 다원성을 촉진한다 — 2015년 〈Molecular Biology and Evolution〉 32호

- MEK 의존적 음성 되먹임은 BCR-ABL에 의해 매개되는 암유전자 중독

의 기저를 이룬다 — 2014년 〈Cancer Discovery〉 4호

- PAK 신호경로는 BRAF 돌연변이 흑색종에서 MAPK 억제제에 대한 약물 저항성 획득을 유도한다 — 2017년 〈Nature〉 550호
- NKX3-1은 유도된 만능 줄기세포의 재프로그래밍에 필요하며 생쥐 및 인간 iPSC 유도에서 OCT4를 대체할 수 있다 — 2018년 〈Nature Cell Biology〉 20호
- 예측 가능한 맥락에서 행동 관찰 전 거울 신경 세포의 활성화 — 2014년 〈Journal of Neuroscience〉 34호
- 수면 중의 자율 신경 활성도는 사람의 기억강화를 예측한다 — 2016년 〈PNAS〉 113호
- CDK1 의존적 Cdc13의 인산화는 세포 주기 진행 동안 텔로미어 신장을 조정한다 — 2009년 〈Cell〉 136호

물리적 대상을 사람으로 구체화하는 존재론적 은유의 형태 역시 의생명과학에서 흔히 발견된다. 즉 생체 분자(유전자나 단백질)나 세포에 사람의 속성을 부여하는 의인화 혹은 인격화는 거의 모든 분자생물학 논문에서 사용되고 있다고 해도 과언이 아니다. 어떤 수용체가 리간드를 인식한다든지, 어떤 단백질이 핵 안으로 정보를 전달한다든지, 한 유전자가 다른 유전자의 기능을 방해하거나 기능 소실을 보상한다든지, 면역 세포가 자아와 비자아를 구분한다든지, 어떤 세포가 다른 세포와 소통한다든지 하는 표현들은 모두

의인화된 표현이다.

다음과 같은 논문 제목을 보면 의인화된 표현이 사용되고 있음을 알 수 있다.

- Toll 유사 수용체는 박테리아의 DNA를 인식한다 — 2000년 〈Nature〉 408호
- 전사보조활성인자 FHL2는 세포막에서 핵 속으로 Rho 신호를 전달한다 — 2002년 〈EMBO Journal〉 21호
- 담즙산에 의해 유발된 장상피화생에서 SOX2는 CDX2의 기능을 방해한다 — 2019년 〈Cancer Cell International〉 19호
- RAD51와 RTEL1는 텔로머라아제가 없는 상황에서 텔로미어 소실을 보상한다 — 2018년 〈Nucleic Acids Research〉 46호
- 변경된 자신과 외부의 핵산으로부터 자신을 구별하는 면역 감지 기전 — 2020년 〈Immunity〉 53호
- 노화 세포는 세포 사이의 단백질 전달을 통해 소통한다 — 2015년 〈Genes & Development〉 29호

과학자는 주로 전문 용어를 사용해서 일반 용어가 지닌 의미의 애매모호함을 철저하게 통제하고 있다고 생각한다. 전문 용어를 많이 사용하기 때문에 논문의 가독성이 떨어지는 것을 감수하기까지 한다.[33] 하지만 은유가 과학 용어에 폭넓게 도입되어 왔으며 과학

논문에서도 흔히 사용된다는 점에서 과학이 언어적 정확성과 엄격성을 기계적으로 유지한다는 생각은 다소 신화적임을 알 수 있다.

과학 용어나 개념 설명뿐만 아니라 실제 실험 데이터나 핵심 발견을 논문에 기술할 때도 친숙한 일상 경험과 관련된 은유적 표현이 흔히 사용되고 있다. 효소 활성이나 세포 내 칼슘 농도가 올라갔다든지 약효가 떨어졌다는 표현은 많고 적음의 정량적 개념을 위아래처럼 공간적으로 해석하는 은유적 표현이다. 물건을 많이 쌓아올리면 위로 올라간다는 것은 친숙한 일상 경험이다. 따라서 논문에서 보는 데이터에 대한 기술과 설명도 은유를 통해 구조화되고 있는 것이다.

이와 같은 은유적 표현은 실제 다음과 같은 논문 제목에서도 찾아볼 수 있다.

- 인터루킨-6은 인슐린 분해 효소의 발현과 활성을 올린다 — 2017년 〈Scientific Reports〉 7호
- 배양된 랫트의 배근 신경절 신경세포에서 Nesfatin-1은 단백질 키나제 C를 활성화시켜 세포 내 칼슘 농도를 올린다 — 2016년 〈Neuroscience Letters〉 619호
- Pgp 유출 펌프는 CENP-E 억제제인 GSK923295의 세포 증식 억제 효과를 떨어뜨린다 — 2015년 〈Cancer Letters〉 361호

1965년 노벨 생리의학상을 수상한 프랑수아 자코브는 과학적 탐구를 '낮 과학day science'와 '밤 과학night science'으로 구분했다. 낮 과학은 엄격한 연구 구조 속에서 정확하게 작동되는 규범적인 활동을 말하는 반면, 밤 과학은 막연하고 흐릿하지만 미래 과학의 재료를 만들어 내는 창조적 활동을 뜻한다. 이와 마찬가지로 언어 역시 서로 다른 두 종류가 과학에서 사용되고 있는 것이다.[34] 이런 점들은 과학이 지닌 양면적인 모습을 재차 확인할 수 있게 해 준다.

은유적 표현은 아니지만 최근 발표되는 논문을 보면 과학적 표현이라고 보기 어려운 '긍정적 단어'의 사용 빈도가 크게 늘어나는 추세를 보인다.[35] 이는 부정적 단어가 사용 빈도가 크게 늘지 않는다 점에서 대조를 보인다.[36] 네덜란드의 한 연구진이 1974년과 2014년 사이에 발표된 논문의 제목과 초록을 분석한 자료에 따르면 '새로운novel' '놀라운amazing' '혁신적인innovative' '전례 없는 unprecedented'과 같은 단어의 사용이 거의 9배나 늘어났다. 이는 과학 논문의 발표와 연구 결과의 공유 과정에서 비과학적이라고 볼 수 있는 정서적 접근이 얼마나 중요한지를 확인시켜 주고 있다.

과학의 비과학적 특징들

지금까지 그동안 잘 드러나지 않았던 과학 논문의 예술적 · 문학적 특징에 대해 짧게 살펴보았다. 과학이 객관적이고 논리적이며 완전 무결하다는 인상은 과학에 탑재된 종교적 열망의 흔적이자 이상화된 모습임을 알 수 있었다. 그렇다고 해서 과학 연구가 대충 마구잡이로 이루어진다고 생각하면 곤란하다. 왜냐하면 학문 공동체 내에서 작동하는 정교한 방법론적 패러다임과 암묵적 규범의 범위를 벗어나지 않기 때문이다. 또한 국소적 모호함을 해결하려는 노력 속에서 새로운 발견의 길이 열릴 수도 있다.

완벽하지 않은 DNA의 복제가 생명체 진화의 원동력이듯 다소 불확실하고 불완전한 과학 연구와 지식의 본성 또한 과학을 발전시키는 원동력으로 작용하고 있다. 또한 진화 과정이 역동적이듯 과학 지식 역시 반박되거나 수정 보완되는 과정을 거치면서 실제 세계와 인식 세계의 간극을 좁혀 가고 있다. 다만 실험실에서 연구를 진행하는 과정과 연구 결과를 공유하고 소통하는 과정 사이에는 상당히 큰 괴리가 있다. 이러한 과학의 비과학적 특징들은 과학자로서의 삶에 적응하고 성장하는 데 아주 거친 선택압으로 작용한다.

더군다나 최근 들어 과학이 작동하는 방식이 전례 없이 크게 바뀌고 있다. 지식 생산의 효율성이 극대화되고 있는 것이다. 이러한 효율성 혁신은 연구의 키트화·외주화·협업화·대규모화 등을 기반으로 하고 있다. 이러한 변화의 배경으로는 실험 방법이 매우 다양화되었다는 점, 실험 장비와 기기 개발이 가속화되었다는 점, 학문 분야가 더욱 세분화되었다는 점, 해결해야 될 문제의 유형이 고도로 복잡해졌다는 점, 고비용의 실험 구조로 인해 경제적 현실을 고려한 실험 전략을 세울 수밖에 없다는 점, 승자 독식의 구조 속에서 무한 경쟁 체제로 돌입했다는 점, 정보 통신 기술 시스템이 범세계적으로 구축되었다는 점 등을 들 수 있다.

이제는 혼자서 많은 실험 방법을 제대로 익히고 능숙하게 활용하기 힘들어졌다. 또한 폭발적으로 지식이 생산되고 있는 현실에서 여러 분야의 전공 지식을 폭넓게 아우르는 것도 쉽지 않게 되었다. 이에 따라 키트 상품에 대한 수요가 늘어났고 공동 연구가 활성화되었으며 실험과 데이터 분석을 핵심 연구 지원 시설에 외주를 주는 것이 효율적인 방식으로 자리 잡게 되었다.[37] 그뿐만 아니라 논문 작성은 과학적 발견을 소통한다는 측면에서 전문 작가의 도움을 받는 사례도 점점 증가하고 있다.[38]

이렇게 되자 혼자 실험을 잘한다고 해서 경쟁력 있는 과학자로 성장하거나 원하는 직장이 보장되지 않게 되었다.[39] 영향력이 있는 학술지에 논문을 발표하는 일이 경력 관리에 중요해지고 공동 연구가 활발해짐에 따라 과학자의 업무적 소통 능력이 더욱 중요해졌다. 공동 연구가 기본이 되다 보니 혼자만의 연구 데이터로는 도저히 석사, 박사 학위 논문을 완성하기 힘든 상황도 벌어졌다. 이로 인해 학위 심사에서 무엇을 평가해야 하는지 고민도 생겨나고 있다.[40]

한편 과학 연구와 지식 생산의 방식이 크게 변화되고 있지만 과학자 사회는 여전히 불합리한 면이 존재한다. 장례식을 치른 만큼 과학이 진보한다는 막스 플랑크의 말은 여전히 유효하다.[41] 흔히 대가로 불리는 슈퍼스타 과학자는 일종의 '토템'으로 학문 집단의 정체성을 상징하면서 신성시되기 때문에 때로는 토템의 이론과 상충되는 새로운 과학 지식의 유통을 저해하는 부작용을 낳기도 한다. 달리 말하면 과학은 완성형이 아니라 여전히 개선이 필요한 진행형 활동인 것이다.

이처럼 과학이 지닌 예술적·문학적·사회적 속성은 과학자가 되려면 어떤 소양이 필요한지 알려 준다. 이에 더해 임상적 중요성을 강조하는 학문적 특징은 가치 판단과 가치 부여의 문제를 구성하고 규정하는 능력도 필요함을 말해 준다. 과학자에게는 논리적·수학적 사고만 요구되는 것이 아니다. 로버트 손튼과 아인슈타인이 주고받았던 편지는 과학자의 길에 대한 힌트를 줄 수 있다.

손튼이 대학 교수로 물리학 수업을 맡은 후 아인슈타인에게 수업 내용에 철학을 포함시켜야 하는지 물어보자 아인슈타인은 다음과 같이 답장을 보냈다.[42]

역사적, 철학적 배경에 관한 지식은 대부분의 과학자가 겪고 있는 당대의 편견에서 벗어날 수 있도록 해 줍니다. 철학적 통찰력에 의해 창출되는 이러한 독립성은 단순한 장인이나 전문가와 진리를 추구하는 진정한 연구자 사이의 구별점이라고 생각합니다.

관찰하거나 측정하고 계산하는 일은 과학의 목적이 아니라 수단이자 도구일 뿐이다. 과학은 생각보다 훨씬 극적이고 우아하며 매력적인 활동이다.

과학이 지나친 경쟁적 활동이 되고 엘리트 학술지에 목을 매면서 우리는 '과학다운 과학이 무엇일까'라는 본질적 고민을 잊고 지내거나 애써 외면하고 있는지 모른다. 자연 현상을 설명함으로써 실제 세계와 인식 세계의 간극을 줄이는 것, 어떤 생각이나 이론을 합리적으로 비판하고 내가 틀릴 수 있음을 인정하는 열린 세계를 지향하는 것, 나의 발견이 미칠 사회적 파급력을 고민하고 책임 있는 자세로 연구에 임하는 것, 나눔과 공유의 미덕을 실천하여 우리 모두 무지로부터 자유로워지는 것 등을 생각한다면 과학은 결국 성공이 아닌 성장의 이야기가 되어야 한다.

5장

과학자는
어떤 글을
쓰는가

"작가에게 눈물이 없다면
독자에게도 논물은 없습니다.
작가에게 놀라움이 없다면
독자에게도 놀라움은 없습니다."

로버트 프로스트

부조리한 논문의 확산

최근 수년간 눈살이 찌푸려지는 과학계 사안 중에서 언론을 통해 가장 많이 거론된 단어를 꼽으라면 '논문'과 '저자'를 들 수 있을 것이다. 논문 저자에 자녀 끼워 넣기나 친구 자녀 품앗이 등재 등 교육부 조사를 통해 드러난 실체는 이것이 비단 어느 전 고위 공직자 자제만의 문제가 아님을 보여 준다. 부끄럽게도 이 문제는 저명한 학술지 〈네이처〉에서 다루어지기도 했다.[1] 이는 우리 사회에 만연한 불평등·불공정·부조리에 관한 불만과 분노가 한꺼번에 표출되는 계기를 제공했다.

이러한 병폐는 과학자에게 상당히 불편한 마음을 안겨 준다. 과학 연구가 대학 입시의 도구로 전락하고, 실험실이 사회적 차별의 인큐베이터로 작용하고 있다는 사실을 사소한 문제로 치부할 수 없다. 과학이 도대체 무엇이며, 어떤 의미를 지니고 있는지와 같은 근본적이며 회의적인 질문이 필요해졌다. 더욱이 지적 질서를 어지럽히고 지적 생태계를 파괴한 주체가 다름 아닌 과학자라는 점도 뼈아프다.

2004년과 2005년 국내 연구진이 〈사이언스〉에 발표한 배아 줄기 세포 논문에서 연구 부정 행위의 문제가 드러났을 때 많은 과학자들이 윤리적이고 생산적인 연구 환경을 만들기 위해 발 벗고 나섰다. 하지만 그때와 달리 최근 불거진 저자의 문제에 대해서는 과학자 스스로 자정하는 노력이 크게 눈에 띄지 않는다. 과학에 대한 관심과 투자가 중요하다고 주장하는 모습과 과학을 입시의 도구로 전락시키는 모습은 누가 보더라도 모순된다.

이런 사회 병리적 현상에 대한 문제의식은 〈뉴욕 타임스〉의 칼럼니스트, 데이비드 브룩스가 《인간의 품격》에서 이 시대의 결함을 직시했던 출발점과 맥락을 같이 한다. 참고로 이 책의 부제는 '삶은 성공이 아닌 성장의 이야기다'이다. 열정과 성찰 없이 이익을 추구하는 시대, 성공만을 위해 자신을 부풀리는 시대, 타인의 인정을 받는 데만 몰두하는 시대, 외적인 찬사를 삶의 척도로 삼는 시대, 과학자는 이런 자기 과잉의 시대를 어떻게 바라보고 있는가? 과학자는 이런 시대에 어떤 고민과 성찰을 해야 하는가?

중세 시대 저자를 뜻하는 'auctor'라는 단어는 주로 권위를 의미했다.[2] 당시에는 어떤 서술가도 함부로 저자로 불리지 못했다. 심지어 17세기 윌리엄 셰익스피어조차 죽은 뒤에야 저자로 불릴 수 있었다. 그렇다면 우리는 오늘날 저자의 의미가 무엇인지 되새겨 볼 필요가 있다. 본 장에서는 과학 논문의 저자에 이르는 길을 추적하면서 과학 연구가 왜 성공이 아닌 성장의 이야기인지 살펴보고, 저자의 자격을 넘어 품격에 대한 고민을 통해 과학 논문과 저자를 둘러싼 새로운 담론 형성의 기회를 마련하고자 한다.

최초 발견이라는 우선권

과학계에는 독특한 보상 방식이 존재하는데, 이는 바로 '우선권'과 관련이 있다. 최초 발견이라는 우선권을 쟁취하기 위해 과학자들은 엄청난 경쟁을 벌인다. 우선권 논쟁은 지식이 공적 성격을 띠고 연구 지향적으로 전환되었음을 보여 주는 지표로도 볼 수 있다. 과학계에서 우선권에 대한 증빙은 주로 저자의 이름이 명시된 출판물을 통해 이루어져 왔다. 사실 따져 보면 출판물에 저자의 이름이 등장하기 시작한 시점은 수메르의 아카드 제국 시대까지 거슬러 올라간다.[3] 기원전 23세기경 황제 사르곤의 딸 엔헤두안나는 사랑과 전쟁의 여신 이난나를 칭송하는 시를 쓰면서 점토판의 마지막에 자신의 이름을 적어 넣었다.

　로버트 머튼은 우선권 경쟁이 최근에 일어난 일이 아니라 17세기부터 계속되었음을 지적한 바 있다.[4] 의학 분야에서는 근대 해부학이 탄생된 16세기 이후 우선권 논쟁이 벌어졌다.[5] 대표적인 사례로는 가브리엘레 팔로피오와 조반니 필리포 인그라시아의 등자뼈 발견, 팔로피오와 콜롬보의 음핵 발견, 토마스 바르톨린과 올로프 루드벡의 인간 림프계 발견에서 벌어진 우선권 다툼을 들 수 있다. 이는 당시 해부학 연구가 상당히 활발했고 그 지식이 공적 성격을 띠었음을 잘 보여 준다.

연구 결과의 파급력에 따라 우선권에 따르는 보상의 정도는 달라진다. 일반적으로 '멘델의 유전 법칙'과 같이 과학자의 이름을 딴 용어가 만들어지거나 노벨상을 받는 것과 같은 보상 체계가 널리 알려져 있다. 하지만 대부분의 경우 다른 과학자의 선행 연구 논문을 인용하는 방식으로 우선권을 인정하고 경의를 표한다. 따라서 전문 학술지에 논문을 발표한다는 것은 새로운 지식의 유통과 우선권 확보 등의 측면에서 매우 중요한 의미를 가진다. 그렇다면 과학 논문의 저자가 된다는 것이 어떤 의미를 지니는지는 굳이 설명하지 않더라도 분명해진다.

앞서 소개했듯이 최초로 출판된 과학 학술지는 1665년부터 지금까지 발행되고 있는 〈철학회보〉이다.[6] 〈철학회보〉는 과학자들 사이에서 새로운 발견과 지식을 공유하고 우선권을 인정받는 핵심적인 창구로 발전했다. 오늘날과 달리 당시 논문은 단독 저자로 발표되는 것이 당연한 일이었다. 이런 현상은 20세기 초까지도 이어져 거의 대부분의 논문이 단독 저자였고 혼자서 온전히 책임을 떠안는 것이 일반적인 원칙으로 받아들여졌다.[7] 하지만 1950년대 들어서면서 이러한 원칙에 균열이 생기기 시작했고, 1980년대 이후에는 단독 저자 논문을 거의 찾아보기 어려워졌다.

저자가 여러 명이라면 저자의 순서는 어떻게 정해질까? 전통적 방식은 가장 큰 책임을 지는 저자가 순서상 가장 먼저 이름이 나오는 제1 저자를 맡았고, 그다음부터 기여도나 알파벳이나 나이순에 따라 저자로 이름을 올렸다.[8] 하지만 지금은 연구에 직접적으로 가장 큰 기여를 한 과학자가 제1 저자가 되고, 그다음부터 순서는 기여도에 따라 정해지며, 연구 전체를 책임지는 책임 저자가 대부분 가장 마지막에 위치한다. 일반적으로 제1 저자와 책임 저자를 합쳐 주저자라고 부른다.

최근에는 책임 저자가 직접 학술지의 편집인과 교신하는 경우가 많기 때문에 대부분 교신 저자를 겸하고 있다.[9] 기여한 바나 책임지는 바가 거의 같을 때는 공동 제1 저자나 공동 책임 저자로 이름을 올리게 된다. 공동 제1 저자와 공동 책임 저자 논문이 늘어나는 것은 최근 과학 학술지에서 흔히 나타나는 특징 중의 하나인데,[10] 이는 저자 간의 기여도를 따지는 문제가 녹록지 않음을 보여주는 증거이기도 하다.

이런 특징들이 나타난 가장 큰 이유는 신진 과학자에게 논문은 경력을 쌓고 출세하기 위한 수단으로 그리고 역량을 호소하는 기준으로 확고히 자리 잡았기 때문이다. 즉 전통적인 명예 기반의 보상 체계를 벗어나 더욱 직업적이고 성과급적인 체계로 전환되었다는 말이다. 따라서 연구에 대한 기여도와 저자의 순서는 오늘날 매우 민감한 사안이 되고 말았다. 저자의 순서 문제를 둘러싼 사안의 심각성은 과학자 사회에서 학문적 에토스이자 하나의 규범이었던 '저자됨authorship' 혹은 저자 자격의 문제가 강제적으로 준수해야 하는 규정의 틀 속에 포함되었다는 데서도 찾아볼 수 있다.

저자가 된다는 의미

'저자됨'의 문제를 제도적 차원에서 바라봐야 한다는 점은 오늘날의 과학계가 어떤 식으로 작동되는지 가늠하게 해 준다. 물론 시대나 기관, 나라에 따라 정도의 차이가 있을 수 있다. 하지만 논문이 직업적 수단이나 경력 관리의 도구라는 인식이 제도적으로 굳어지고 있고, 승자 독식 구조를 지닌 학계의 특징이 저자 문제를 둘러싼 갈등을 더욱 증폭시키고 있음은 부정할 수 없다.

우리나라의 경우 2007년에 처음 제정된 〈연구윤리 확보를 위한 지침〉(이하 〈지침〉)에서 저자됨의 문제를 다루기 시작했고, 이후 몇 차례 개정과 제정을 거치면서 오늘에 이르렀다.[11] 현 〈지침〉에서는 연구 결과의 위조나 변조 또는 표절뿐만 아니라 "연구 내용 또는 결과에 대하여 공헌 또는 기여를 한 사람에게 정당한 이유 없이 저자 자격을 부여하지 않거나, 공헌 또는 기여를 하지 않은 사람에게 감사의 표시 또는 예우 등을 이유로 저자 자격을 부여하는 행위", 즉 '부당한 저자 표시'를 연구 부정 행위의 범위에 포함시키고 있다.

이는 최근 제정된 〈국가연구개발 혁신법〉(이하 〈혁신법〉)에서도 마찬가지이다.[12] 〈혁신법〉 제31조에서는 "저자를 부당하게 표시하는 행위"를 국가 연구 개발 사업 관련 부정 행위 중의 하나로 규정했고, 〈국가연구개발 혁신법 시행령〉 제56조에서는 저자를 부당하게 표시하는 행위의 구체적인 기준을 "연구 개발 과제 수행의 내용 또는 결과에 대하여 공헌 또는 기여를 한 사람에게 정당한 사유 없이 저자의 자격을 부여하지 않거나 공헌 또는 기여를 하지 않은 사람에게 정당한 사유 없이 저자의 자격을 부여하는 행위"로 규정했다.

부당한 저자 표시가 연구 결과의 진실성을 직접 훼손하는 것은 아니지만 이에 버금갈 정도로 중대하게 다루고 있다는 점은 눈여겨볼 만하다. 이는 우리나라 학계의 특수한 상황을 반영하는 것으로 볼 수 있다. 최근 발표된 한 실태 조사 결과에서도 많은 연구자가 자녀 끼워 넣기를 포함하여 부당한 논문 저자 표시를 가장 심각한 문제로 여기는 것으로 파악되었다.[13] 이 밖에도 현 〈지침〉에서는 연구 부정 행위의 범위에 들어가지는 않지만 연구 결과물을 발표할 때 연구자의 소속이나 직위 등 저자의 정보를 정확하게 밝혀 연구의 신뢰성을 제고하도록 하고 있다.

현 〈지침〉이나 〈혁신법〉은 부당한 저자 표시의 기준을 제시하고 있지만, 저자의 자격을 직접 다루고 있지는 않다. 저자의 자격은 그동안 일반적으로 과학자 사회의 통념에 상당 부분 의존했지만 과학자들이 수용하고 공유할 수 있는 판단 준거를 만들기 위한 노력도 많이 이루어졌다. 대표적인 예로 국제 의학 학술지 편집인 위원회ICMJE라는 공식 기구에서 제시한 저자의 자격에 대한 권고안을 들 수 있다.

참고로 ICMJE는 1978년 캐나다 밴쿠버에서 의생명과학 학술지 편집인들이 모여 '밴쿠버 그룹'이라 불리는 비공식 모임을 가졌고, 이후 규모를 키워 공식 기구로 발전해서 탄생된 기구이다.[14]

이 권고안에 따르면 첫째 연구 설계나 계획 구상에 기여하거나 데이터를 생산·분석·해석하고, 둘째 논문을 작성하거나 수정하고, 셋째 논문의 투고에 동의하고, 넷째 문제가 생기면 책임을 져야 하는 네 가지 조건을 모두 만족해야 저자의 자격이 된다고 보고 있다.[15] 하지만 이러한 조건이 반드시 지켜지고 있다고 보기 어렵다. 이는 학술지마다 저자의 자격에 대해 조금씩 다른 정책을 가지고 있다는 점에서도 확인된다.[16] 그렇다면 상식에 기대어 저자의 품격을 고민하는 일은 전혀 이상하지 않을 것이다.

과학자의 탄생

상식의 문제는 다음과 같은 질문으로 쉽게 풀린다. 누구에게 명성, 돈, 지위가 배분되어야 할까? 이는 곧 사회 정의에 대한 질문이기도 하다. 특히 오늘날 과학자가 직장을 구하고 연구비를 따고 승진을 하는 데 논문이 필수적이라는 점을 감안할 때 부당한 방법으로 저자의 지위를 얻는 것은 사회 질서와 공정의 문제를 크게 훼손시키는 행위임이 분명하다. 이 문제는 곧 과학의 의미나 과학과 사회의 신뢰성에 대한 문제로도 확장된다.

이 문제를 심층적으로 이해하기 위해서는 실험실 생활이 어떠한지 그리고 과학자는 어떻게 탄생되는지를 다시 한번 짧게 살펴볼 필요가 있다. 이 문제는 사실 논문과 직결되는데, 실험실 교육과 생활의 정점에 바로 논문이 위치하기 때문이다. 논문은 한 연구의 종착점이자 새로운 연구의 출발점이 되기 때문에 실험실 생활의 대부분은 논문에서 시작해서 논문으로 끝난다. 하지만 논문이 생산되는 맥락을 살펴보면 그렇게 단순하고 간단한 일이 아니라는 것이 금방 드러난다.

우선 오늘날 대다수의 과학자가 태어나는 곳은 강의실이 아니라 실험실이다. 실험실은 연구 중심 대학의 핵심 요소이자 '연구를 통한 교육'이라는 이념을 구현하는 장소로서 도제 학습의 성격이 강하고 경험과 훈련 속에서 은연중 체화되고 내면화되는 암묵적인 지식을 많이 다룬다. 그렇기 때문에 실험실 교육은 그렇게 친절한 방식으로 진행되기 어렵다. 따라서 상당 기간 실험실 생활은 서툴고 어색하게 느껴질 수밖에 없으며, 특히 지식을 생산하는 방식에 적응하지 못해 괴롭고 힘들어하는 것은 과학자라면 누구나 한 번쯤은 겪는 성장통의 일부이다.

또한 실험실에서 이루어지는 연구는 기대와 달리 썩 자유롭거나 논리적인 방식으로 작동하지 않는다. 과장을 살짝 보태면 실험은 절차에 따라 기계적으로 행할 뿐 창의성은 온데간데없고 주류 이론을 의심의 여지없이 맹목적으로 확신한다. 어처구니없게도 주류 이론에 반하는 연구 결과를 얻으면 실험에 심각한 오류가 있었다고 치부하기 일쑤다. 더군다나 과학 이론이나 새로운 발견을 평가함에 있어 해당 분야 전문가들의 '합의consensus'를 매우 중요하게 생각한다.

실험실에서는 과학 외적인 문제에 대한 고민이 너무 많다. 연구비 사정에 따라 실험 계획이 수정되고 연구 성과를 제출해야 하는 기한을 따지면서 어느 선에서 연구를 마무리할지 고민한다. 또한 경쟁 연구진을 의식하면서 해당 연구를 언제까지 끌고 갈 것인지를 결정한다. 더욱이 느닷없거나 우연히 얻게 된 결과를 두고 마치 처음부터 그런 생각을 했던 것처럼 역으로 가설을 만들고 논리적 전개를 짜느라 여념이 없다.

특히 오늘날의 논문은 새로운 과학적 발견에 이르는 과정을 있는 그대로 쓸 수 없다. 서론·방법·결과 및 고찰 등 구조화된 형식에 맞추어 논문을 써야 하기 때문에 과학적 발견의 과정은 재구성해서 작성할 수밖에 없는 상황이 벌어지고 말았다. 그것도 빈틈없이 철저하고 완벽한 방식으로 재구성해서 필연적으로 결론에 다다른 것처럼 포장하는 방식으로 말이다. 더군다나 논문은 철저히 성공한 역사의 재구성이다. 연구 과정 중에 있었던 실수와 실패의 흔적은 논문 어디에도 전혀 드러나지 않는다.

짧은 시간 내에 실험실 생활에 적응해서 실험을 하고 논문을 쓰는 일이 쉬운 일은 아니다. 그렇기 때문에 정직하고 성실하고 묵묵히 연구에 임하는 과학자를 생각하면 상식을 지키는 것과 저자의 품격을 논하는 것이 중요해진다. 이는 과학자 스스로가 책임과 의무를 짊어지는 마음, 즉 '자부심'에 관한 문제이기도 하다.

품격을 지키기 위하여

상식과 품격의 문제는 과학 연구를 성장을 위한 과정으로 이해하면 쉽게 풀린다. 성공은 쫓는 것이 아니라 따라오는 것이라는 점은 설명이 필요 없는 삶의 지혜이기 때문이다. 관찰 현상의 이면에 놓인 질서와 규칙을 찾으려고 몰두하고 노력한 끝에 나오는 결과물이 논문이지, 논문을 쓰기 위해 관찰과 실험 거리를 찾아 헤매는 것이 아니다. 그렇다면 과학자로 성장하기 위해 실험실에서 노력해야 할 일들에는 어떤 것들이 있을까? 이를 잘 알고 실천하는 것이 저자의 품격을 갖추는 첫걸음이다.

지금부터 상식을 지키고 저자의 품격을 갖추기 위해 노력해야 할 항목들 몇 가지를 짧게 정리해 보고자 한다. 물론 이 역시도 최소한의 범위에서 다룰 뿐이다. 첫 네 가지는 전문성의 영역에 속하는 문제로 이를 제대로 다루려면 몇 권의 책으로도 쉽지 않을 정도로 폭넓은 주제임을 감안할 필요가 있다. 그다음 세 가지는 과학의 사회 문화적 특징과도 연결되는 주제로 성숙한 과학을 위한 소양이라고 봐도 무방하다.

첫째, 가설을 도출하고 재구성할 수 있는 역량을 쌓아야 한다. 불행히도 발견법이나 발견의 논리라는 것은 그 어디에서도 찾기 어렵다. 어떤 문제에 몰두하다 보면 우연히 혹은 문득 아이디어가 떠오르는데, 이 아이디어를 전문 지식과 논리를 바탕으로 재구성하면 가설이 된다. 물론 관심 연구 분야와 인접 분야에 대한 폭넓은 안목을 기르지 않고서는 아이디어 자체가 나오기 힘들다.

둘째, 가설을 정당화하는 방법을 익혀야 한다. 달리 말해 가설의 증명에 관한 것인데, 실험 원리의 숙지와 실험 설계, 데이터의 해석과 논증의 구조, 가설 확증의 강도, 데이터를 표상하는 방법 등의 문제를 포함한다. 상당히 생소하고 어렵게 느껴질 수 있지만 전문가로 성장하려면 누구나 갖추어야 할 과학자의 기본 역량에 해당할 뿐이다. 이러한 역량을 일정 이상 갖추지 못하면 논문을 비판적으로 읽거나 연구 결과를 논문으로 정리할 때 곧 어려움에 봉착한다.

셋째, 논문을 제대로 쓰려면 풀고자 하는 문제를 규정하는 방식을 익혀야 한다. 특히 역설적이거나 모순되는 논점을 풀어헤치고 재구성하여 논리적 완결성을 만들어 가야 한다. 따라서 생각하는 힘이 뒷받침되지 않으면 논문을 쓰는 일은 몹시 괴로운 일이 되고 만다. 이러한 역량은 실험실 교육의 핵심으로 손꼽히는 랩미팅이나 저널 클럽을 통해서도 중요하게 다루어진다. 피터 메다와는 '과학 논문은 사기일까'라는 질문으로 강연을 한 적이 있다.[17] 물론 과학 논문이 진짜 사기나 위조라는 말은 아니다. 과학 논문은 철저한 재구성의 산물이기 때문에 과학적 발견을 이끄는 과정을 완전히 오해하게 만든다는 의미다.

넷째, 연구 윤리와 연구 노트 교육, 환경 안전 교육, 방사선 안전 교육, 실험 동물 교육, 생명 윤리 교육 등을 통해 실험실에서 지켜야 할 규정에는 어떤 것이 있고 이를 지킨다는 것이 어떤 의미가 있는지를 파악하고 익혀야 한다. 또한 적어도 연구 기관에는 연구 진실성 위원회나 생명 윤리 심의 위원회와 같은 기구가 있고 이 기구들이 무엇을 하는지 알고 있어야 한다. 그래야만 연구 윤리와 실험실 안전 등에 대한 의식이 체화될 수 있다. 주로 실험실 단위에서 도제식으로 전수하는 교육이나 기관 단위에서 주최하는 수업 또는

워크숍의 형태로 교육을 받게 된다.

다섯째, 앞서 언급했듯이 요즘 논문에서 저자가 증가한 이유 중의 하나는 학문의 세분화와 전문화에 따라 협업이 절대적으로 필요해졌기 때문이다. 또한 과열된 경쟁에서 연구의 생산성 향상을 위해서도 협업은 불가피하다. 이에 따라 예전보다 훨씬 더 소통 능력을 갖춰야 할 필요성이 과학자들에게 요구되고 있다. 업무적 소통과 정서적 소통 능력 모두 중요한데, 이런 능력을 갖추기 위해서는 전문성을 바탕으로 과학적 세계관이 잘 확립되도록 해야 하고 이와 함께 겸양과 존중의 미덕을 쌓아 나가야 한다.

여섯째, 장소에 대한 의식이나 느낌을 뜻하는 장소감의 문제를 생각해 볼 필요도 있다.♦ 실험실 생활에 적응하고 연구에 전념하게 되면 자연스럽게 실험실이라는 장소에 대한 애착, 유대감, 헌신의 마음이 생겨난다. 즉 낯선 추상적인 공간에 가치나 경험이 더해지면서 실험실은 특별하고 구체적인 장소로 전환되는 것이다. 물론 장소감이라는 것이 개별적이고 맥락 의존적이며 상황적 특수성이 있어 개개인마다 다르게 나타날 수밖에 없다. 그럼에도 보편적으로 관찰되는 양상이 있다. 고민과 좌절 속에서 자신의 한계에 부딪히고 맞설수록 실험실에 대한 애착 역시 깊어진다는 점이다. 또한 장

♦　장소감에 대한 문제에 관심이 있다면 다음 두 권의 책을 읽어 보기 바란다. 에드워드 렐프 지음, 김덕현·김현주·심승희 옮김. 《장소와 장소 상실》. 논형. (2005); 이-푸 투안 지음, 구동희·심승희 옮김. 《공간과 장소. 대윤》. (1995)

소감뿐만 아니라 연구에 몰두하다 보면 실험실에 놓은 기기나 장비까지와도 애착 관계가 형성될 수 있다.

마지막으로, 열정을 가지고 노력하는 자세가 내면화되어야 한다. 연구를 뜻하는 영어 단어 'research'는 '샅샅이 찾다'라는 뜻의 불어 'recercher'에서 유래되었다. 즉 끊임없이 질문을 던지고 실수와 실패로 점철되는 과정 속에서 대답을 찾아가는 순환적인 과정이 연구인 것이다. 이런 과정 속에서 열정과 노력 그리고 몰입이 뜻밖의 행운과 같은 우연적 요소와 절묘하게 결합되면 중요한 발견에 이를 수 있다.

이와 같은 항목들의 중요성을 인지하고 이를 함양하기 위해 노력을 기울이는 것은 저자의 품격을 갖추고 성숙한 과학자로 거듭나기 위해서는 반드시 통과해야 하는 지점이다. 저자의 자격이 과학자의 조건이나 능력에 국한되는 문제라면 저자의 품격은 과학자의 품성과 인격까지 포괄하는 문제라고 할 수 있다.

우리는 결국 현명해진다

저자의 품격에 관한 논의는 학술지 논문에만 국한되는 것이 아니다. 학술 대회의 구두나 포스터 발표문(혹은 초록)의 저자도 마찬가지다. 1970년에 접어들어 학술 대회에 참석하는 과학자의 수가 크게 늘어나면서 전통적인 방식의 구두 발표에 더해 요즘 우리에게 친숙한 '요약 전시(혹은 포스터 발표)'와 같은 새로운 형태가 등장했다.[18] 물론 학술지 논문과 학술대회 발표문은 취지나 연구 내용의 검증 강도 등의 측면에서 서로 다름이 분명하다. 하지만 이 둘 모두 전문성을 기반으로 한다는 점에서 공통점이 있고, 저자가 되려면 전문가적 소양을 일정 이상 쌓아야 한다는 점에서 저자의 품격이 요구된다고 충분히 주장할 수 있다.

과학 연구는 성공이 아닌 성장을 이야기해야 한다는 믿음을 새기는 것이야말로 자기 과잉과 성과 중심의 시대 속에서 저자의 품격을 성찰할 수 있는 바탕이 아닐까 한다. 하지만 저자의 품격을 다루는 일은 경계와 범주가 모호하고 무형의 가치를 소중히 여겨야하기 때문에 익숙하지도 쉽지도 않은 과제다. 또한 한가하고 낭만주의적인 생각으로 치부되기도 쉽다. 그럼에도 불구하고 힘들지만 우리가 가야 할 길이 어디인지 진지한 고민은 끊임없이 필요하다. 과학자는 지식을 습득하고 생산하는 사람으로서 칼레의 시민들처럼 명예만큼의 의무, 즉 '노블레스 오블리주'의 실천이 필요하다.

벤저민 프랭클린은 말했다. "인생의 비극은 우리가 너무 일찍 늙고 너무 늦게 현명해진다는 것이다." 오늘도 실험실 한편에서 스스로의 힘으로 묵묵히 세상의 풍파를 헤쳐 나가며 과학자로 성장하기 위해 고군분투하는 모든 이에게 경의를 표한다.

과학은 성공이 아닌 성장의 이야기다

실험실 현장에서 연구하는 과학자의 시선에서 과학이 무엇인지 둘러보고 과학자는 무엇을 하는 사람인지를 살펴보았다. 과학 연구는 그다지 철두철미하지도 질서정연하지도 않게 진행되고 생각보다 훨씬 어수선하고 임기응변이며 뒤죽박죽이다. 그렇다고 해서 과학자들이 제멋대로 연구를 한다는 의미가 아니다. 실험은 통제된 방식으로 수행되며 가설을 증명하기 위해 수많은 실험적 증거에 호소한다. 다만 실험 결과가 논문이라는 틀 속에 논리와 이성의 승리로 포장되고 전까지 우여곡절이 많다는 말이다.

실험실의 실상을 자세히 들여다보면 역설적이게도 과학은 다분히 역사적이고 문학적이며 미학적임을 간파할 수 있다. 또한 과학의 계량적이고 객관적인 속성 이면에서 주관적 경험·가치관·우연·영감·직관·통찰과 같은 비과학적·비합리적 요소가 상당히 중요하게 작용한다. 이러한 과학의 모습을 정확하게 이해해야만 과학자로서의 역량을 쌓기 위해 어떤 노력을 기울여야 하는지에 대해 제대로 답변할 수 있을 것이다. 또한 바람직하고 생산적인 실험실 교육은 어떠해야 하는지에 대해서도 마찬가지이다.

이 책은 "교육은 사실을 배우는 것이 아니라 생각하는 훈련을 하는 것입니다"라는 아인슈타인의 말로 시작했다. 여기서 모티프를 얻은 필자는 '과학은 생각하는 훈련'이라는 현장 과학자의 시선을 강조하고자 했다. 실험은 과학의 도구이자 수단일 뿐 목적이 아니다. 과학자는 실험하는 사람이 아니라 생각하는 사람이 되어야 한다. 1954년 노벨 화학상, 1962년 노벨 평화상을 수상한 라이너스 폴링이 "좋은 아이디어를 얻으려면 많은 아이디어를 떠올려야 합니다"라고 말했듯이 끊임없이 생각하고 이 생각을 발전시켜 나가는 것이 중요하다. 볼테르 또한 "지속적인 사고의 공격을 견딜 수 있는 문제는 없습니다"라고 말했다.

어떤 문제를 인식하고 규정하는 방식은 해결 방법을 고민하고 방향을 모색하는 데 매우 중요하다. 실험실 연구의 실제 모습을 인식하고 과학을 생각하는 훈련이라고 규정한다면 훌륭한 과학자가 끊임없이 배출되는 지적 문화와 풍토를 어떻게 만들어 가야 하는지 새로운 길이 보일 것이다. 그렇다면 그 새로운 길은 어떤 것이어야 할까? "문제를 해결하는 데 한 시간이 주어진다면 나는 문제에 대해 생각하는 데 55분을 쓰고 해법을 생각하는 데 5분을 사용하겠습니다"라는 아인슈타인의 말이 좋은 출발점이 될 것이다.

필자는 《논문이라는 창으로 본 과학》이라는 책에서 과학자는 논문 쓰는 사람이 되어야 한다고 주장한 바 있다. '실험적 능력'과 '추론적 능력' 사이의 밀접한 동맹을 강조한 프랜시스 베이컨의 생각은 지금도 여전히 유효하다. 논문 쓰기는 문제를 인식하고 규정하며 재구성하는 방식에 대한 것이기 때문에 생각하는 힘을 기르고 추론적 능력을 향상시키기에 최고의 훈련 방법이 될 수 있다. 특히 과학 연구는 모순·역설·변칙의 문제를 풀어가는 고단한 여정이라는 점에서 생각의 힘은 위대한 발견의 원천이 된다.

마지막으로 과학 연구는 성공이 아닌 성장의 이야기임을 다시 한번 강조하고 싶다. 직업적 성격의 문제를 외면할 수 없지만 본질적 가치를 놓친다면 공허하거나 맹목이 되고 만다. 과학은 나를 성장시키고 세계에 대한 이해를 확장시키면서 우리 모두를 성장시키는 원대한 기획이다. 보다 더 성숙한 과학 연구를 하는 과학자로 거듭나고 일반 대중이 과학자와 같이 호흡하고 성장해 간다면 분명 오늘과는 다른 내일이 찾아올 것이라 믿는다.

과학이 성장의 이야기라면 누가 과학자가 되어야 하는가? 그리고 나는 왜 과학자가 되려 하는가? 답을 대신하여 마지막 쪽까지 함께해 온 독자들과 이 책의 서두를 열었던 아인슈타인의 말을 다시 곱씹고 싶다. "교육은 사실을 배우는 것이 아닙니다. 생각하는 훈련을 하는 것입니다."

주

들어가며

1   Brush SG. Should the History of Science Be Rated X? Science. (1974) 183,
    1164-1172; Casadevall & Fang. (A)Historical science. Infect Immun. (2015)
    83, 4460-4464

1장

1   Kohler RE. Place and practice in field biology. Hist Sci. (2002) 40, 189-210;
    Kohler RE. Lab history: Reflections. ISIS. (2008) 99, 761-768
2   Crosland M. Early laboratories c.1600-c.1800 and the location of experimental
    science. Ann Sci. (2005) 62, 233-253; Klein U, The Laboratory Challenge:
    Some Revisions of the Standard View of Early Modern Experimentation, Isis.
    (2008) 99, 769-782; Gooday G. Placing or Replacing the Laboratory in the
    History of Science? Isis. (2008) 99, 783-795
3   Morris PJT. The matter factory: A history of the chemistry laboratory. Reaktion

Books. (2015) pp19-20

4   Hannaway O. Laboratory design and the aim of science: Andreas Libavius versus Tycho Brahe. Isis. (1986) 77, 584-610

5   맥닐리 & 울버턴 지음, 채세진 옮김. 지식의 재탄생. 살림. 2009. pp50-83

6   전주홍. 연구데이터 관리 및 연구노트.《학문후속세대를 위한 연구윤리》. 박영사. (2013) pp275-308

7   Murphy JB. Opus Dei: prayer or labor? The spirituality of work in Saints Benedict and Escriva. Chapter 7 from The Charismatic Principle in Social Life (edited by Bruni & Sena) (2012) Taylor & Francis Group

8   O'Rourke Boyle M. William Harvey's anatomy book and literary culture. Med Hist. (2008) 52, 73-91

9   Ross S. Scientist: The story of a word. Ann. Sci. (1962) 18, 65-85; Miller DP. The story of 'Scientist: The Story of a Word', Ann. Sci. (2017) 74, 255-261

10 Forshaw P. 'Alchemy in the Amphitheatre': Some consideration of the alchemical content of the engravings in Heinrich Khunrath's Amphitheatre of Eternal Wisdom (1609). Art and Alchemy edited by Jacob Wamberg. (2006) 195-220; Bruijn WD. From text to theatre: An architectural reading of Heinrich Khunrath's Amphitheatrum Sapientiae Aeternae (1595, 1609) Library Trends (2012) 61, 347-370

11 Shapin S. The house of experiment in seventeenth-century England. ISIS. (1988) 79, 373-404

12 Martelli M. Greek alchemists at work: 'alchemical laboratory' in the Greco-Roman Egypt. Nuncius. (2011) 26, 271-311

13 Forshaw P. 'Alchemy in the Amphitheatre': Some consideration of the alchemical content of the engravings in Heinrich Khunrath's Amphitheatre of Eternal Wisdom (1609). Art and Alchemy edited by Jacob Wamberg. (2006) 195-220

14 Bruijn WD. From text to theatre: An architectural reading of Heinrich Khunrath's Amphitheatrum Sapientiae Aeternae (1595, 1609) Library Trends

(2012) 61, 347-370

15 Espahangizi K. The twofold history of laboratory glassware. Membranes, Surfaces, Boundaries. Interstices in the History of Science, Technology and Culture, Preprints Nr. 420 (2011) pp27-44

16 Eknoyan G. Santorio Sanctorius (1561-1636) - founding father of metabolic balance studies. Am J Nephrol. (1999) 19, 226-233; Hollerbach T. The Weighing Chair of Sanctorius Sanctorius: A Replica. NTM. (2018) 26, 121-149

17 Pasipoularides A. Greek underpinnings to his methodology in unraveling De Motu Cordis and what Harvey has to teach us still today. Int J Cardiol. (2013) 168, 3173-3182

18 Wootton D. Bad Madicine. Oxford University Press. (2007) pp94-107

19 Androutsos G, Karamanou M, Stefanadis C. William Harvey (1578-1657): discoverer of blood circulation. Hellenic J Cardiol. (2012) 53, 6-9

20 Booth CC. Is research worthwhile? J Laryngol Otol. (1989) 103, 351-356; 로이 포터 지음, 최파일 옮김.《근대세계의 창조》. 교유서가. (2020) pp247-248

21 West JB. Marcello Malpighi and the discovery of the pulmonary capillaries and alveoli. Am J Physiol Lung Cell Mol Physiol. (2013) 304, L383-L390

22 O'Rourke Boyle M. William Harvey's anatomy book and literary culture. Med Hist. (2008) 52, 73-91

23 Klein U. The Laboratory challenge: Some revisions of the standard view of early modern experimentation, Isis. (2008) 99, 769-782

24 Morris PJT. The matter factory: A history of the chemistry laboratory. Reaktion Books. (2015) pp20-24

25 Armstrong & Lukens. Lazarus Ercker and his "Probierbuch". Sir John Pettus and his "Fleta Mino". J. Chem. Educ. (1939) 16, 553-562

26 Morris PJT. The matter factory: A history of the chemistry laboratory. Reaktion Books. (2015) pp30-33

27 Hannaway O. Laboratory design and the aim of dcience: Andreas Libavius

versus Tycho Brahe. ISIS (1986) 584-610

28 Crosland M. Difficult Beginnings in Experimental Science at Oxford: the Gothic Chemistry Laboratory, Ann. Sci. (2003) 60, 99-421; Crosland M. Early laboratories c.1600-c.1800 and the location of experimental science. Ann Sci. (2005) 62, 233-253

29 Crosland M. Early laboratories c.1600-c.1800 and the location of experimental science. Ann Sci. (2005) 62, 233-253

30 Wootton D. The Invention of Science: A New History of the Scientific Revolution. Penguin Books. (2015) pp310-315

31 Gooday G. Placing or Replacing the Laboratory in the History of Science? ISIS. (2008) 99, 783-795

32 Crosland M. Early laboratories c.1600-c.1800 and the location of experimental science. Ann Sci. (2005) 62, 233-253

33 Hill CR. The iconography of the laboratory. Ambix. (1975) 22, 102-110

34 Hannaway O. Laboratory design and the aim of dcience: Andreas Libavius versus Tycho Brahe. ISIS (1986) 584-610

35 피터 버크 지음, 박광식 옮김.《지식: 그 탄생과 유통에 대한 모든 지식》현실문화 연구. 2006. pp85-93

36 Josten CH. Elias Ashmole, F.R.S. (1617-1692). Notes Rec R Soc Lond. (1960) 15, 221-230

37 Klein U. The laboratory challenge: some revisions of the standard view of early modern experimentation. ISIS. (2008) 99, 769-782

38 Beretta M. Between the workshop and the laboratory: Lavoisier's network of instrument makers. Osiris. (2014) 29, 197-214

39 Borell M. Instrumentation and the rise of modern physiology. Sci Technol Stud. (1987) 5, 53-62

40 Klein U. The laboratory challenge: some revisions of the standard view of early modern experimentation. ISIS. (2008) 99, 769-782

41 Crosland M. Early laboratories c.1600-c.1800 and the location of

experimental science. Ann Sci. (2005) 62, 233-253

42 Morrell JB. The chemist breeders: the research schools of Liebig and Thomas Thomson. Ambix. (1972) 19, 1-46

43 Morris PJT. The matter factory: A history of the chemistry laboratory. Reaktion Books. (2015) pp87-89

44 Holmes FL. The complementarity of teaching and research in Liebig's laboratory. Osiris. (1989) 5, 121-164

45 Schmidgen H. The Laboratory. European History Online (2011) http://ieg-ego.eu/en/threads/crossroads/knowledge-spaces/henning-schmidgen-laboratory

46 Mazurak & Kusa. Jan Evangelista Purkinje: a passion for discovery. Tex Heart Inst J. (2018) 45, 23-26

47 Jarrett WH. Yale, Skull and Bones, and the beginnings of Johns Hopkins. Proc (Bayl Univ Med Cent). (2011) 24, 27-34

48 Jablokow VR. Carl von Linne. Can Med Assoc J. (1956) 74, 1009 - 1010; ElMaghawry et al., The discovery of pulmonary circulation: From Imhotep to William Harvey. Glob Cardiol Sci Pract. (2014) 2014, 103-116; Charlton A. Medicinal uses of tobacco in history. J R Soc Med. (2004) 97, 292-296; Chang KM. Communications of Chemical Knowledge: Georg Ernst Stahl and the Chemists at the French Academy of Sciences in the First Half of the Eighteenth Century. Osiris. (2014) 29, 135-157; Lindeboom GA. Herman Boerhaave (1668-1738). Teacher of all Europe. JAMA. (1968) 206, 2297-2301; Hull G. The influence of Herman Boerhaave. J R Soc Med. (1997) 90, 512 - 514

49 Claude Bernard (translated by Henry Copley Greene). An Introduction to the Study of Experimental Medicine. Dover Publication Inc. (1957) p38, p146-147

50 Normandin S. Claude Bernard and an introduction to the study of experimental medicine: "physical vitalism," dialectic, and epistemology. J Hist Med Allied Sci. (2007) 62, 495-528; Noble D. Claude Bernard, the first systems biologist,

and the future of physiology. Exp Physiol. (2008) 93, 16-26

51 Franco NH. Animal experiments in biomedical research: a historical perspective. Animals (Basel). (2013) 3, 238-273

52 Frank MH, Weiss JJ. The 'introduction' to Carl Ludwig's textbook of human physiology. Med Hist. (1966) 10, 76-86

53 Valentinuzzi M, Beneke K, Gonzalez G. Ludwig: the physiologist. IEEE Pulse. (2012) 3, 46-59

54 전주홍.《논문이라는 창으로 본 과학》. 지성사. (2019) pp69-79

55 Baker M. 1,500 scientists lift the lid on reproducibility. Nature. (2016) 533, 452-454; Munafo et al. A manifesto for reproducible science. Nat Hum Behav. (2017) 1, 0021; Fanelli D. Opinion: Is science really facing a reproducibility crisis, and do we need it to?. Proc Natl Acad Sci U S A. (2018) 115, 2628-2631; Challenges in irreproducible research. https://www.nature.com/collections/prbfkwmwvz

2장

1 Wootton D. The Invention of Science: A New History of the Scientific Revolution. Penguin Books. (2015) pp385-391

2 Bechtel & Abrahamsen. Explanation: a mechanist alternative. Stud Hist Philos Biol Biomed Sci. (2005) 36, 421-441

3 Machamer et al. Thinking about mechanisms. Phil. Sci. (2000) 67, 1-25; Craver CF, Darden L. Mechanisms in biology. Introduction. Stud Hist Philos Biol Biomed Sci. (2005) 36, 233-244; Allen GE. Mechanism, vitalism and organicism in late nineteenth and twentieth-century biology: the importance of historical context. Stud Hist Philos Biol Biomed Sci. (2005) 36, 261-283; Nicholson DJ. The concept of mechanism in biology. Stud Hist Philos Biol Biomed Sci. (2012) 43, 152-163

4   Pigliucci M. On science and philosophy. EMBO Rep. (2010) 11, 326; Laplane et al. Opinion: Why science needs philosophy. Proc Natl Acad Sci U S A. (2019) 116, 3948-3952; Andersen et al. Philosophical bias is the one bias that science cannot avoid. Elife. (2019) 8, e44929

5   Chang H. Who cares about the history of science?. Notes Rec R Soc Lond. (2017) 71, 91-107

6   알렉스 브로드벤트 지음, 전현우·천현득·황승식 옮김.《역학의 철학》. 생각의 힘. (2015) pp22-31

7   Casadevall & Fang. Descriptive science. Infect Immun. (2008) 76, 3835-3836; Casadevall & Fang. Mechanistic science. Infect Immun. (2009) 77, 3517-3519; Kraus WL. Editorial: Would You Like A Hypothesis With Those Data? Omics and the Age of Discovery Science. Mol Endocrinol. (2015) 29, 1531-1534

8   Richard DeWitt. Worldviews: An Introduction to the History and Philosophy of Science. 2nd Ed. Willey-Blackwell. (2010) pp17-31, 71-77

9   Prusiner SB. Prions. Proc Natl Acad Sci U S A. (1998) 95, 13363-13383

10   Wootton D. The Invention of Science: A New History of the Scientific Revolution. Penguin Books. (2015) pp419-421

11   제레미 하윅 지음, 전현우·천현득·황승식 옮김.《증거기반의학의 철학》. 생각의 힘. (2018) pp36-67

12   Contopoulos-Ioannidis et al. Translation of highly promising basic science research into clinical applications. Am J Med. (2003) 114, 477-484

13   제레미 하윅 지음, 전현우·천현득·황승식 옮김.《증거기반의학의 철학》. 생각의 힘. (2018) pp211-267

14   알렉스 브로드벤트 지음, 전현우·천현득·황승식 옮김.《역학의 철학》. 생각의 힘. (2015) pp127-144

15   Krieger N. Epidemiology and the web of causation: has anyone seen the spider? Soc Sci Med. (1994) 39, 887-903; Parascandola & Weed. Causation in epidemiology. J Epidemiol Community Health. (2001) 55, 905-912

16 Eichler et al. Missing heritability and strategies for finding the underlying causes of complex disease. Nat Rev Genet. (2010) 11, 446-450; Boyle et al. An expanded view of complex traits: From polygenic to omnigenic. Cell. (2017) 169, 1177-1186

17 Wootton D. The Invention of Science: A New History of the Scientific Revolution. *Penguin Books*. (2015) pp367-369

18 Simonton DK. After Einstein: Scientific genius is extinct. *Nature*. (2013) 493, 602; Fortunato et al. Science of science. *Science*. (2018) 359, eaao0185

19 Kametani & Hasegawa. Reconsideration of Amyloid Hypothesis and Tau Hypothesis in Alzheimer's Disease. *Front Neurosci*. (2018) 12, 25

20 Visa & Percipalle. Nuclear functions of actin. Cold Spring Harb Perspect Biol. (2010) 2, a000620

21 Soussi T. The history of p53. A perfect example of the drawbacks of scientific paradigms. EMBO Rep. (2010) 11, 822-826

22 Galluzzi et al. Molecular mechanisms of cell death: Recommendations of the nomenclature committee on cell death 2018. Cell Death Differ. (2018) 25, 486-541

23 Mayr E. Cause and effect in biology. Science. (1961) 134, 1501-1506; Laland et al. Cause and effect in biology revisited: is Mayr's proximate-ultimate dichotomy still useful? Science. (2011) 334, 1512-1516

24 조작적 정의에 대한 논의는 1946년 노벨 물리학상을 수상한 퍼시 브리지먼Percy Bridgman에 의해 체계적으로 이루어진 바 있다.;
https://plato.stanford.edu/entries/operationalism/

3장

1 한스 요아힘 슈퇴리히 지음, 박민수 옮김. 《세계철학사》. 자음과 모음. 2008. pp397-400

2 Bornmann et al. Do Scientific Advancements Lean on the Shoulders of Giants? A Bibliometric Investigation of the Ortega Hypothesis. PLoS ONE. (2010) 5, e13327; Cole & Cole. The Ortega Hypothesis: Citation analysis suggests that only a few scientists contribute to scientific progress. Science. (1972) 178, 368-375; Száva-Kováts E. The false 'Ortega Hypothesis': a literature science case study. Journal of Information Science. (2004) 30, 496-508

3 에이브러햄 플렉스너, 로베르트 데이크흐라프 지음, 감아림 옮김. 쓸모없는 지식의 쓸모. 책세상 (2020) p83-84

4 Shapin S. The Invisible Technician. Am. Sci. (1989) 77, 554-563

5 오늘날 의생명과학 분야의 논문을 읽으면 확증 혹은 입증confirmation, 증명proof, 검증verification 등의 용어가 엄격한 구분 없이 혼용되고 있음을 쉽게 발견할 수 있다.

6 Dalrymple T. Where there's a will. BMJ. (2007) 335, 351

7 Normandin S. Claude Bernard and an introduction to the study of experimental medicine: "physical vitalism," dialectic, and epistemology. J Hist Med Allied Sci. (2007) 62, 495-528; Noble D. Claude Bernard, the first systems biologist, and the future of physiology. Exp Physiol. (2008) 93, 16-26

8 대니얼 리버먼 지음, 김명주 옮김. 《우리 몸 연대기》. 웅진지식하우스. (2018) p169

9 전주홍. 심장의 이해: 주술에서 과학으로. 《마음의 장기 심장》. 바다출판사. (2016) pp17-59

10 Franco NH. Animal Experiments in Biomedical Research: A Historical Perspective. Animals. (2013) 3, 238-273

11 Androutsos G, Karamanou M, Stefanadis C. The contribution of Alexandrian physicians to cardiology. Hellenic J Cardiol. (2013) 54, 15-17

12 Findlen P. Controlling the experiment: rhetoric, court patronage and the experimental method of Francesco Redi. Hist Sci. (1993) 31, 35-64

13 전주홍. 실험실의 탄생은 과학을 어떻게 바꾸었나. 스켑틱. (2020) 21, 32-51

14 Ayala FJ. Darwin and the scientific method. Proc Natl Acad Sci U S A. (2009)

106)Suppl 1), 10033-10039

전주홍. 과학자는 어떻게 가설을 만드는가. 스켑틱. (2020) 22, pp 176-197

16 Howitt & Wilson. Revisiting "Is the scientific paper a fraud?" EMBO Rep. (2014) 15, 481-484

17 Wootton D. The Invention of Science: A New History of the Scientific Revolution. Penguin Books. (2015) pp331-348

18 Anderson et al. Extending the Mertonian norms: Scientists' subscription to norms of research. J Higher Educ. (2010) 81, 366-393; Nicholson DJ. The concept of mechanism in biology. Stud Hist Philos Biol Biomed Sci. (2012) 43, 152-163

19 ICMJE. Defining the Role of Authors and Contributors. http://www.icmje.org/recommendations/browse/roles-and-responsibilities/defining-the-role-of-authors-and-contributors.html

20 Casadevall & Fang. Rigorous Science: a How-To Guide. mBio. (2016) 7, e01902-16

21 Vermeulen et al. Understanding life together: a brief history of collaboration in biology. Endeavour. (2013) 37, 162-171; Milojevic S. Principles of scientific research team formation and evolution. Proc Natl Acad Sci U S A. (2014) 111, 3984-3989

22 Bechtel & Abrahamsen. Explanation: a mechanist alternative. Stud Hist Philos Biol Biomed Sci. (2005) 36, 421-441; Nicholson DJ. The concept of mechanism in biology. Stud Hist Philos Biol Biomed Sci. (2012) 43, 152-163

23 칼 헴펠 지음, 곽강제 옮김.《자연과학철학》. 서광사. (2010) pp51-63

24 https://plato.stanford.edu/entries/biology-experiment/#ExpSys

25 Milojevic S. Principles of scientific research team formation and evolution. Proc Natl Acad Sci U S A. (2014) 111, 3984-3989

26 Ian Hacking, Representing and interventing. Cambridge University Press. (2010). pp246-261

27 Pigliucci M. On science and philosophy. EMBO Rep. (2010) 11, 326; Laplane

et al. Opinion: Why science needs philosophy. Proc Natl Acad Sci U S A. (2019) 116, 3948-3952; Andersen et al. Philosophical bias is the one bias that science cannot avoid. Elife. (2019) 8, e44929

28 Claude Bernard (translated by Henry Copley Greene). An Introduction to the Study of Experimental Medicine. Dover Publication Inc. 1957. p38

29 Nowatzke & Woolf. Best practices during bioanalytical method validation for the characterization of assay reagents and the evaluation of analyte stability in assay standards, quality controls, and study samples. AAPS J. (2007) 9, E117-E122; Tiwari & Tiwari. Bioanalytical method validation: An updated review. Pharm Methods. (2010) 1, 25-38; Sylvester PW. Optimization of the tetrazolium dye (MTT) colorimetric assay for cellular growth and viability. Methods Mol Biol. (2011) 716, 157-168

30 Shah et al. Bioanalytical method validation: a revisit with a decade of progress. Pharm Res. (2000) 17, 1551-1557; Tiwari & Tiwari. Bioanalytical method validation: An updated review. Pharm Methods. (2010) 1, 25-38

31 전주홍.《논문이라는 창으로 본 과학》. 지성사. (2019) pp243-249

32 Weiner & Slatko. Kits and their unique role in molecular biology: a brief retrospective. Biotechniques. (2008) 44, 701-704

33 Banerjee A, Chitnis UB, Jadhav SL, Bhawalkar JS, Chaudhury S. Hypothesis testing, type I and type II errors. Ind Psychiatry J. (2009) 18, 127`131

34 Giofre et al. The influence of journal submission guidelines on authors' reporting of statistics and use of open research practices. PLoS One. (2017) 12, e0175583; Harrington et al. New Guidelines for Statistical Reporting in the Journal. N Engl J Med. (2019) 381, 285-286

35 Friendly M. Handbook of Data Visualization. Springer. (2008) pp15-56

36 Weissgerber et al. Beyond bar and line graphs: time for a new data presentation paradigm. PLoS Biol. (2015) 13, e1002128; Weissgerber et al. From static to interactive: Transforming data visualization to improve transparency. PLoS Biol. (2016) 14, e1002484; Weissgerber et al. Data

visualization, bar naked: A free tool for creating interactive graphics. J Biol Chem. (2017) 292, 20592-20598; Weissgerber et al. Reveal, Don't conceal: Transforming data visualization to improve transparency. Circulation. (2019) 140, 1506-1518; Bik et al. The prevalence of inappropriate image duplication in biomedical research publications. mBio. (2016) 7, e00809-16

37 Chin-Yee BH. Underdetermination in evidence-based medicine. J Eval Clin Pract. (2014) 20, 921-927; https://plato.stanford.edu/entries/scientific-underdetermination/

38 전주홍.《논문이라는 창으로 본 과학》. 지성사. (2019) pp214-215

39 칼 헴펠 지음, 곽강제 옮김.《자연과학철학》. 서광사. (2010) pp78-84

40 Collins R. Why the social sciences won't become high-consensus, rapid-discovery science. Sociological Forum, (1994) 9, 155-177

41 Weiner & Slatko. Kits and their unique role in molecular biology: a brief retrospective. Biotechniques. (2008) 44, 701-704

42 Giraldo et al. A guideline for reporting experimental protocols in life sciences. PeerJ. (2018) 6, e4795

43 Farber & Weiss. Core facilities: maximizing the return on investment. Sci Transl Med. (2011) 3, 95cm21

44 Williams et al. The size, operation, and technical capabilities of protein and nucleic acid core facilities. FASEB J. (1988) 2, 3124-3130; Adams et al. A model for high-throughput automated DNA sequencing and analysis core facilities. Nature. (1994) 368, 474-475

45 Meder et al. Institutional core facilities: prerequisite for breakthroughs in the life sciences: EMBO Rep. (2016) 17, 1088-1093

46 Gould J. Core facilities: Shared support. Nature. (2015) 519, 495-496; Lippens et al. One step ahead: Innovation in core facilities. EMBO Rep. (2019) 20, e48017

47 Larivière et al. Contributorship and division of labor in knowledge production. Soc Stud Sci. (2016) 46, 417-435

48 Das & Das. Hiring a professional medical writer: is it equivalent to ghostwriting?. Biochem Med (Zagreb). (2014) 24, 19-24; Sharma S. Professional medical writing support: The need of the day. Perspect Clin Res. (2018) 9, 111-112

49 McVeagh TC. Medical authors and professional writers. Calif Med. (1963) 99, 104-105

50 Defining the Role of Authors and Contributors. ICMJE. http://www.icmje.org/recommendations/browse/roles-and-responsibilities/defining-the-role-of-authors-and-contributors.html

51 Sauermann & Haeussler. Authorship and contribution disclosures. Sci Adv. (2017) 3, e1700404

52 Greene M. The demise of the lone author. Nature. (2007) 450, 1165

53 Shaffer E. Too many authors spoil the credit. Can J Gastroenterol Hepatol. (2014) 28, 605

54 Popper & Wachtershauser. Progenote or protogenote? Science. (1990) 250, 1070

55 Gould SJ. Royal shorthand. Science. (1991) 251, 142

56 Richards D. 'Nullius in verba'. Evid Based Dent. (2010) 11, 66

57 Sutton, C. 'Nullius in verba' and 'nihil in verbis': Public understanding of the role of language in science. Brit J Hist Sci. (1994) 27, 55-64

58 Radder H. The philosophy of scientific experimentation: a review. Autom Exp. (2009) 1, 2

59 Karczewski & Snyder. Integrative omics for health and disease. Nat Rev Genet. (2018) 19, 299-310; Hasin et al. Multi-omics approaches to disease. Genome Biol. (2017) 18, 83

60 전주홍. 과학자는 어떻게 가설을 만드는가. 스켑틱. (2020) 22, pp 176-197

61 Mattocks et al. A standardized framework for the validation and verification of clinical molecular genetic tests. Eur J Hum Genet. (2010) 18, 1276-1288; Andreasson et al. A practical guide to immunoassay method validation. Front

Neurol. (2015) 6, 179

62 Borell M. Instrumentation and the rise of modern physiology. Sci Technol Stud.
    (1987) 5, 53-62

63 Davis BD. The scientist's world. Microbiol Mol Biol Rev. (2000) 64, 1-12

64 Schmidgen H. The Laboratory. European History Online (2011) http://ieg-
    ego.eu/en/threads/crossroads/knowledge-spaces/henning-schmidgen-
    laboratory

65 Wuchty et al. The increasing dominance of teams in production of knowledge.
    Science. (2007) 316, 1036-1039

66 Allen et al. Publishing: Credit where credit is due. Nature. (2014) 508, 312-
    313; Fortunato et al. Science of science. Science. (2018) 359, eaao0185

67 전주홍. 《논문이라는 창으로 본 과학》. 지성사. (2019) pp136-145

68 Freeman et al. Careers. Competition and careers in biosciences. Science. (2001)
    294, 2293-2294; Lawrence PA. Rank injustice. Nature. (2002) 415, 835-836

69 Brembs et al. Deep impact: unintended consequences of journal rank. Front
    Hum Neurosci. (2013) 7, 291

70 Kingston W. Streptomycin, Schatz v. Waksman, and the balance of credit for
    discovery. J Hist Med Allied Sci. (2004) 59, 441-462; Woodruff HB. Selman A.
    Waksman, winner of the 1952 Nobel Prize for physiology or medicine. Appl
    Environ Microbiol. (2014) 80, 2-8

71 전주홍, 최병진. 《의학과 미술 사이》. 일파소. (2016) pp215-221

72 Strauss MB. Sir Francis Darwin and Sir William Osler. JAMA. (1966) 196, 1161

73 Ledford H. The unsung heroes of the Nobel-winning hepatitis C discovery.
    Nature. (2020) 586, 485

74 Tobin MJ. The role of a journal in a scientific controversy. Am J Respir Crit
    Care Med. (2003) 168, 511-515

75 Medawar P. Is the scientific paper a fraud? Listener. (1963) 70, 377-378

4장

1 https://en.wikisource.org/wiki/Page:Petty_1647_Advice_to_Hartlib.djvu/8

2 전주홍.《논문이라는 창으로 본 과학》. 지성사. (2019) pp80-91

3 Tinniswood A. The Royal Society & the Invention of Modern Science. Basic Books. (2019) pp43-53

4 Weintraub PG. The Importance of Publishing Negative Results. J Insect Sci. (2016) 16, 109; Mlinarić et al. Dealing with the positive publication bias: Why you should really publish your negative results. Biochem Med (Zagreb). (2017) 27, 030201; Nimpf & Keays. Why (and how) we should publish negative data. EMBO Rep. (2020) 21, e49775

5 전주홍.《논문이라는 창으로 본 과학》. 지성사. (2019) pp80-108, 198-205

6 Day RA. The Origins of the Scientific Paper: The IMRAD Format. Am Med Writers Assoc J. (1989) 4, 16-18.

7 Cuschieri et al. WASP (Write a Scientific Paper): How to write a scientific thesis. Early Hum Dev. (2018) 127, 101-105

8 Wootton D. The Invention of Science: A New History of the Scientific Revolution. Penguin Books. (2015) pp380-384

9 이와 관련된 일부 내용은《논문이라는 창으로 본 과학》에서 다룬 바 있다.

10 Aubert et al. Earliest hunting scene in prehistoric art. Nature. (2019) 576, 442-445

11 Hartley J. What's new in abstracts of science articles. J Med Libr Assoc. (2016) 104, 235-236

12 Khoury et al. Science-graphic art partnerships to increase research impact. Commun Biol. (2019) 2, 295

13 Bredbenner & Simon. Video abstracts and plain language summaries are more effective than graphical abstracts and published abstracts. PLoS One. (2019) 14, e0224697

14 Chun et al. The protective effects of Schisandra chinensis fruit extract and its

lignans against cardiovascular disease: a review of the molecular mechanisms. Fitoterapia. (2014) 97, 224-233; Cho et al. The antitumor effects of geraniol: Modulation of cancer hallmark pathways (Review). Int J Oncol. (2016) 48, 1772-1782

15 전주홍, 최병진《의미, 의학과 미술 사이》. 일파소. (2016) pp174-185

16 Lee AW. Graphic art in science. Science. (1908) 28, 471-479

17 No authors listed. Medicine: art or science?. BMJ. (2000) 320. 1322A

18 Friendly M. Handbook of Data Visualization. Springer. (2008) pp15-56

19 Rougier et al. Ten simple rules for better figures. PLoS Comput Biol. (2014) 10, e1003833

20 Sheredos B. Communicating with scientific graphics: A descriptive inquiry into non-ideal normativity. Stud Hist Philos Biol Biomed Sci. (2017) 63, 32-44

21 Watson & Crick. Molecular structure of nucleic acids; a structure for deoxyribose nucleic acid. Nature. (1953) 171, 737-738; Ferry G. The structure of DNA. Nature. (2019) 575, 35-36

22 Kemp M. The Mona Lisa of modern science. Nature. (2003) 421, 416-420

23 Haack, S. The Art of Scientific Metaphors. Rev Portug Filos. (2019). 75, 2049-2066

24 Rip A. The past and future of RRI. Life Sci Soc Policy. (2014) 10, 17

25 Niebert K & Gropengießer. Understanding Starts in the Mesocosm: Conceptual metaphor as a framework for external representations in science teaching. Int J Sci Educ. 37, 903-933; Taylor & Dewsbury. On the Problem and Promise of Metaphor Use in Science and Science Communication. J Microbiol Biol Educ. (2018) 19, 19.1.46.

26 Brown TL. Making Truth: Metaphor in Science. University of Illinois Press. (2008) pp19-22

27 Dronamraju KR. Erwin Schrödinger and the origins of molecular biology. Genetics. (1999) 153, 1071-1076; 앙드레 피쇼 지음, 이정희 옮김. 유전자 개념의 역사. 나남. (2011) pp197-223

28 Cobb M. 1953: when genes became "information". Cell (2013) 153, 503–506

29 Watson JD & Crick FHC. Genetical implications of the structure of deoxyribonucleic acid. Nature. (1953) 171, 964–947

30 Lewin R. Proposal to sequence the human genome stirs debate. Science. (1986) 232, 1598–1600; Le Fanu J. The disappointments of the double helix: a master theory. J R Soc Med. (2010) 103, 43–45

31 Sutton, C. 'Nullius in verba' and 'nihil in verbis': Public understanding of the role of language in science. Brit J Hist Sci. (1994) 27, 55–64; Nelkin D. Molecular metaphors: the gene in popular discourse. Nat Rev Genet. (2001) 2, 555–559; Pauwels E. Communication: Mind the metaphor. Nature. (2013) 500, 523–524

32 Cobb M. 60 years ago, Francis Crick changed the logic of biology. PLoS Biol. (2017) 15, e2003243

33 Plaven-Sigray et al. The readability of scientific texts is decreasing over time. Elife. (2017) 6, e27725

34 Yanai & Lercher. The two languages of science. Genome Biol. 2020 21, 147

35 Ball P. Novel, amazing, innovative': positive words on the rise in science papers. Nature. (2015). https://www.nature.com/news/novel-amazing-innovative-positive-words-on-the-rise-in-science-papers-1.19024.

36 Vinkers et al. Use of positive and negative words in scientific PubMed abstracts between 1974 and 2014: retrospective analysis. BMJ. (2015) 351, h6467

37 Meder et al. Institutional core facilities: prerequisite for breakthroughs in the life sciences. EMBO Rep. (2016) 17, 1088–1093; Lippens S et al. One step ahead: Innovation in core facilities. EMBO Rep. (2019) 20, e48017; Fortunato et al. Science of science. Science. (2018) 359, eaao0185

38 Donnelly et al. Professional writers can help to improve clarity of medical writing. CMAJ. (2018) 190, E268; Sharma S. Professional medical writing support: The need of the day. Perspect Clin Res. (2018) 9, 111–112

39 Allis CD. Opinion: On being an advisor to today's junior scientists. Proc Natl

Acad Sci U S A. (2017) 114, 5321-5323

40 Gould J. How to build a better PhD. Nature. (2015) 528, 22-25; No authors
    listed. The past, present and future of the PhD thesis. Nature. (2016) 535,
    7; Gould J. What's the point of the PhD thesis?. Nature. (2016) 535, 26-28;
    Bosch G. Train PhD students to be thinkers not just specialists. Nature. (2018)
    554, 277

41 Pierre et al. Superstar Extinction. Q. J. Econ. (2010) 125, 549-589; Azoulay
    et al. Toward a more scientific science. Science. (2018) 361, 1194-1197;
    Azoulay et al. Does Science Advance One Funeral at a Time? Am Econ Rev.
    (2019) 109, 2889-2920

42 Laplane et al. Opinion: Why science needs philosophy. Proc Natl Acad Sci U
    S A. (2019) 116, 3948-3952

5장

1 Zastrow M. Kid co-authors in South Korea spur government probe. Nature.
   (2018) 554, 154-155; Zastrow M. More South Korean academics caught
   naming kids as co-authors. Nature. (2019 575, 267-268

2 Wootton D. The Invention of Science: A New History of the Scientific
   Revolution. Penguin Books. (2015) pp101-102

3 Cronin B. Hyperauthorship: a postmodern perversion or evidence of a
   structural shift in scholarly communication practices? J Am Soc Inf Sci
   Technol. (2001) 52, 558-569

4 Merton RK. Priorities in scientific discovery: a chapter in the sociology of
   science. Am. Sociol. Rev. (1957) 635-659

5 Wootton D. The Invention of Science: A New History of the Scientific
   Revolution. Penguin Books. (2015) p85, p96

6 전주홍. 논문이라는 창으로 본 과학. 지성사. (2019) pp80-91

7   Greene M. The demise of the lone author. Nature. (2007) 450, 1165; Shaffer
    E. Too many authors spoil the credit. Can J Gastroenterol Hepatol. (2014) 28,
    605

8   Tscharntke et al. Author sequence and credit for contributions in
    multiauthored publications. PLoS Biol. (2007) 5, e18

9   Zauner et al., Editorial: We need to talk about authorship. Gigascience. (2018)
    7, giy122

10 Conte et al. Increased co-first authorships in biomedical and clinical
    publications: a call for recognition. FASEB J. (2013) 27, 3902-3904

11 과학기술부 훈령 제236호로 최초 제정(2007년 2월 8일)된 이후, 교육과학기술
    부 훈령 제73호로 개정(2008년 7월 28일), 교육과학기술부 훈령 제114호로 개정
    (2009년 9월 23일), 교육과학기술부 훈령 제218호로 개정(2011년 6월 2일), 국가
    과학기술위원회규칙 제2호로 제정(2011년 7월 26일), 교육부훈령 제60호로 제정
    (2014년 3월 24일), 교육부훈령 제153호로 개정(2015년 11월 3일)되었고, 마지막
    으로 교육부훈령 제263호로 개정(2018년 7월 17일)되었다.

12 〈국가과학기술혁신법〉 제31조(국가연구개발사업 관련 부정행위의 금지)

13 2020년 대학 교원의 연구윤리 인식수준 조사에 관한 연구. NRF ISSUE REPORT
    (2020_9호) 표 8. 연구윤리 부정행위 및 부적절행위 발생 빈도

14 Uniform requirements for manuscripts submitted to biomedical journals.
    International Committee of Medical Journal Editors [published correction
    appears in JAMA 1998 Feb 18;279(7):510]. JAMA. (1997) 277, 927-934

15 ICMJE 웹페이지에서 원문을 확인할 수 있다. Defining the Role of Authors and
    Contributors. http://www.icmje.org/recommendations/browse/roles-and-
    responsibilities/defining-the-role-of-authors-and-contributors.html

16 Resnik et al., Authorship policies of scientific journals. J Med Ethics. (2016) 42,
    199-202

17 Howitt & Wilson. Revisiting "Is the scientific paper a fraud?" EMBO Rep.
    (2014) 15, 481-484; Calver N. Sir Peter Medawar: science, creativity and the
    popularization of Karl Popper. Notes Rec R Soc Lond. (2013) 67, 301-314

18 Erren & Bourne. Ten simple rules for a good poster presentation. PLoS Comput Biol. (2007) 3, e102; Sexton DL. Presentation of research findings: the poster session. Nurs Res. (1984) 33, 374–311; Ilic & Rowe. What is the evidence that poster presentations are effective in promoting knowledge transfer? A state of the art review. Health Info Libr J. (2013) 30, 4–12

과학하는 마음

초판 1쇄 발행   2021년 10월 1일

지은이   전주홍
기획   김은수
책임편집   박소현
디자인   고영선

펴낸곳   (주)바다출판사
발행인   김인호
주소   서울시 마포구 어울마당로5길 17 5층
전화   02-322-3885(편집) 02-322-3575(마케팅)
팩스   02-322-3858
이메일   badabooks@daum.net
홈페이지   www.badabooks.co.kr

ISBN   979-11-6689-048-2 03400